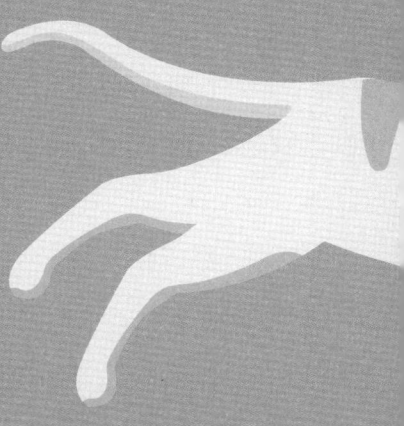

ALEXANDER ZIMMERMANN | HELGA HOFMANN

SO GEHT KATZE!

ALEXANDER ZIMMERMANN | HELGA HOFMANN

SO GEHT KATZE!

MIT ILLUSTRATIONEN VON
ROBERT SAMUEL HANSON

VON KATZ
ZU MENSCH

WENN'S MAL
NICHT
RUND LÄUFT

ZUM
NACHSCHLAGEN

DIE GU-QUALITÄTS-GARANTIE

Wir möchten Ihnen mit den Informationen und Anregungen in diesem Buch das Leben erleichtern und Sie inspirieren, Neues auszuprobieren. Bei jedem unserer Produkte achten wir auf Aktualität und stellen höchste Ansprüche an Inhalt, Optik und Ausstattung. Alle Informationen werden von unseren Autoren und unserer Fachredaktion sorgfältig ausgewählt und mehrfach geprüft. Deshalb bieten wir Ihnen eine 100 %ige Qualitätsgarantie.

Darauf können Sie sich verlassen:
Wir legen Wert auf artgerechte Tierhaltung und stellen das Wohl des Tieres an erste Stelle. Wir garantieren, dass:
- alle Anleitungen und Tipps von Experten in der Praxis geprüft und
- durch klar verständliche Texte und Illustrationen einfach umsetzbar sind.

Wir möchten für Sie immer besser werden:
Sollten wir mit diesem Buch Ihre Erwartungen nicht erfüllen, lassen Sie es uns bitte wissen! Wir tauschen Ihr Buch jederzeit gegen ein gleichwertiges zum gleichen oder ähnlichen Thema um. Nehmen Sie einfach Kontakt zu unserem Leserservice auf. Die Kontaktdaten unseres Leserservice finden Sie am Ende dieses Buches.

GRÄFE UND UNZER VERLAG
Der erste Ratgeberverlag – seit 1722.

MAN KANN AUCH OHNE KATZEN LEBEN, ...

Wie schnell man die Hoheit über seine eigenen vier Wände verlieren kann, erfuhr ich, als eines Tages ein Kater vor meiner Tür stand, der heute auf den Namen Kurtl hört und längst nicht mehr nur ein vierbeiniger Mitbewohner ist, sondern auch ein guter Freund, sehr zum Leidwesen seiner Zweibeiner zuweilen aber auch das Haushaltsoberhaupt.

Dieser eher ungewöhnliche Ratgeber spiegelt auf unterhaltsame Art meine Erfahrungen mit Stubentigern im Allgemeinen und meinen Alltag mit Kurtl im Speziellen wider. Und verrät Ihnen dabei ganz nebenbei, was Katzen brauchen, um sich wohlzufühlen.

Als Journalist und Autor pendele ich mit King Kurtl zwischen München und einem kleinen Dorf in der Nähe von Heidelberg und bin neben meinem Teilzeitjob als Redakteur für verschiedene Agenturen und Zeitungen vor allem eins: Vollzeit-Katzenpapa. Momentan liebäugele ich aber auch mit dem Gedanken, in Zukunft Seminare zum Entfernen von Mäuseresten auf Teppichböden anzubieten.

Alexander Zimmermann

... ES LOHNT SICH NUR NICHT.

Ich verbinde, was oftmals gar nicht so einfach zusammenpassen möchte: Theorie und Praxis. Ich bin nämlich nicht nur studierte Biologin, Chemikerin und Pädagogin, sondern auch stolze, fürsorgliche und, ja, manchmal durchaus dienende Katzenbesitzerin sowie leidenschaftliche Beobachterin. Wenn ich etwas von meinen Vierbeinern gelernt habe, dann dies: Man lernt nie aus, ihr Verhalten richtig zu verstehen und ihren Ansprüchen gerecht zu werden.

Mit diesem Buch möchte ich möglichst viel von den Dingen, die ich bereits verstanden habe, an andere Katzenliebhaber weitergeben – um ihnen den Alltag zu erleichtern und zu verhindern, dass sie den Missmut ihres Stubentigers auf sich ziehen. Schließlich soll das Zusammenleben nicht in Stress ausarten, sondern vielmehr die Partnerschaft Mensch und Katze für beide Seiten zur bevorzugten Lebensform werden.

Als selbstständige Lektorin und Autorin lebe ich mit meiner Familie in München und teile mir seit vielen Jahren Haus und Garten mit Katzen.

Helga Hofmann

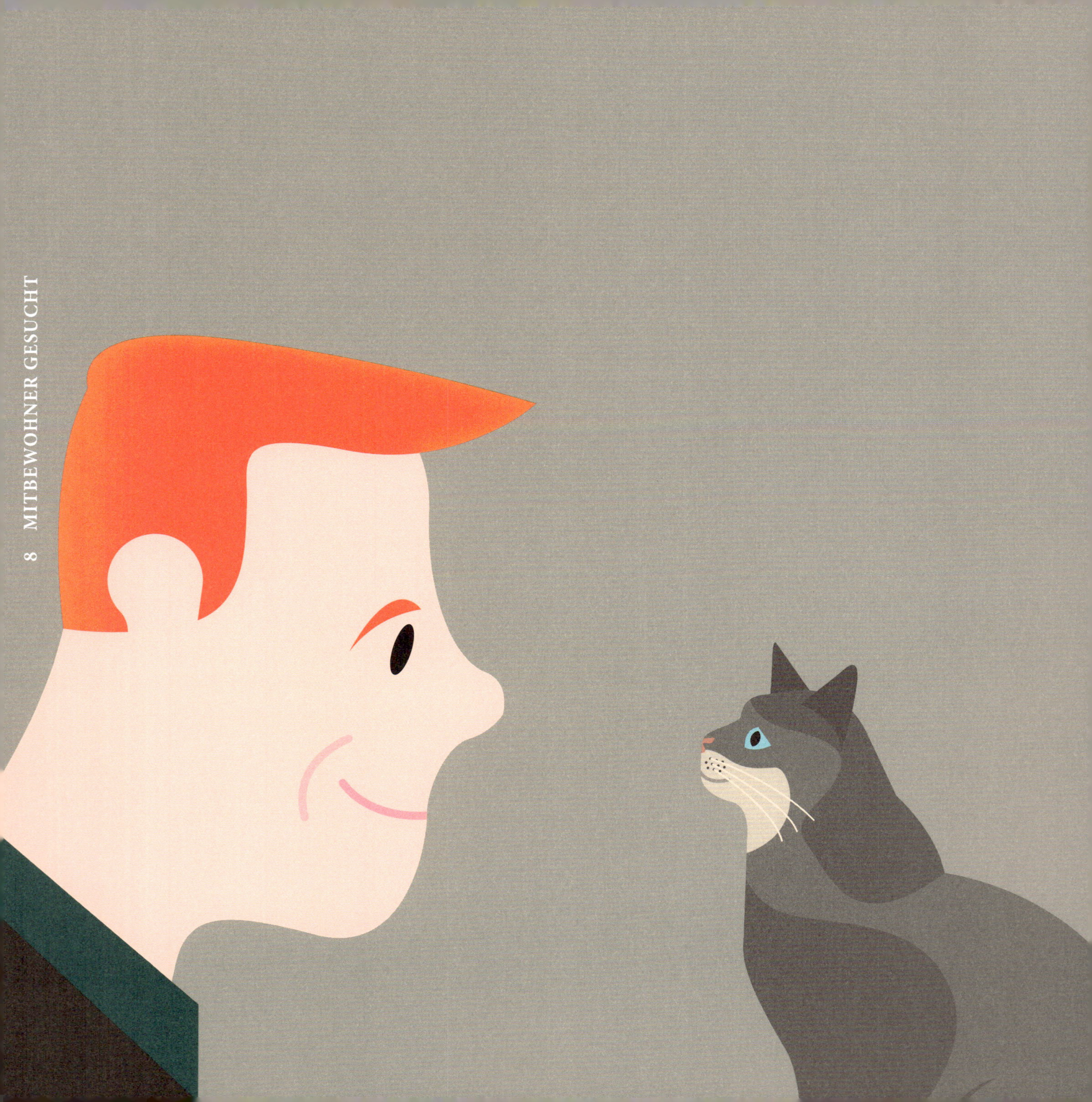

MITBEWOHNER GESUCHT

Was soll es sein? Eine Rassekatze vom Züchter, ein wilder Hinterhofmischling aus dem Tierheim oder ein zerrupftes Findelkätzchen? Natürlich kann man sich im Vorfeld unzählige Gedanken darüber machen, mit wem man sich in den nächsten Jahren die Wohnung teilen möchte. Aber am Ende entscheiden dann doch oft Bauchgefühl und Sympathie. Das gilt übrigens für beide Seiten. Schließlich will sich auch eine Katze nicht von jedem die Futterdose öffnen lassen. Trotzdem kann es nicht schaden, wenn man bereits ein paar Dinge über den potenziellen neuen Mitbewohner weiß und was er alles braucht, um sich rundum wohlzufühlen. ✖

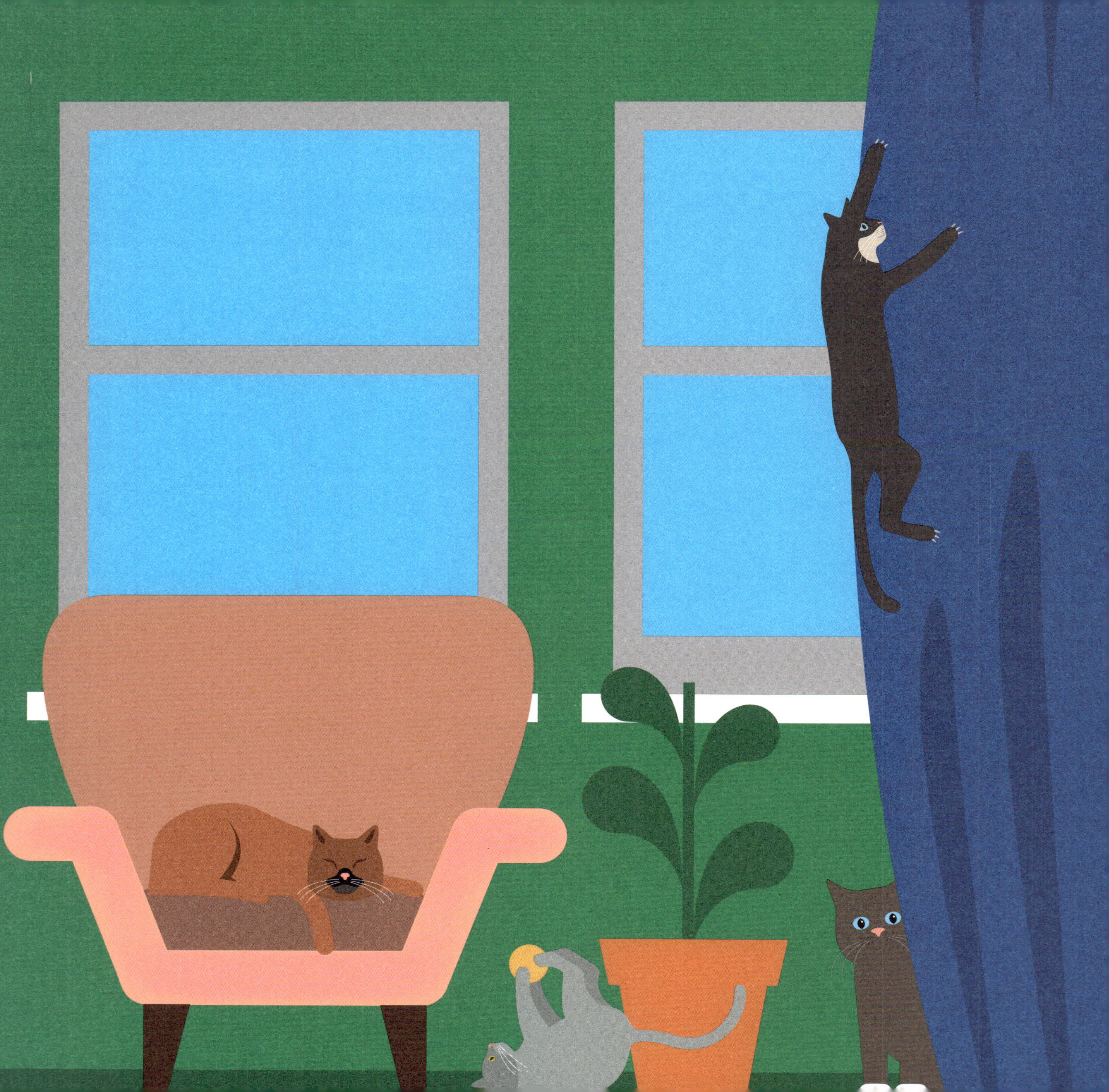

ECHTE CATSONALITY

Die eine liegt am liebsten den ganzen Tag auf der Fensterbank, die andere jagt jedem Staubkorn hinterher, und die nächste will nichts als kuscheln. Jede Katze hat eben ihre ganz persönlichen Vorlieben und ihren ganz eigenen Charakter.

Der Alleinunterhalter setzt zum dritten Versuch an, mit einem gewagten Sprung todesmutig die Kluft zwischen Tisch und Couch zu überwinden. Zwei seiner Geschwister können es nicht mit ansehen und verstecken sich unter dem Sessel in der hinteren Ecke des Zimmers. Nur eine Schwanzspitze lugt noch hervor. Sie zuckt nervös hin und her. Der Vierte im Bunde bekommt von der ganzen Aufregung nichts mit. Er döst schon seit Stunden auf dem Fensterbrett, blinzelt nur hin und wieder mit dem linken Auge, um ein wenig gelangweilt zur Kenntnis zu nehmen, dass noch alles genauso aussieht wie vor wenigen Minuten und der Futter-napf leider immer noch leer ist. Und das sollen Geschwister sein? Die sind doch wirklich komplett unterschiedlich!

Tatsächlich sind in einem einzigen Wurf oft die unterschiedlichsten Charaktere vertreten. Da gibt es den Entertainer, den schüchternen Angsthasen und den mutigen, eher dominanten Chef. Nicht zu vergessen den Raufbold, zu dessen liebster Freizeitbeschäftigung es gehört, sich mit seinen Geschwistern und später auch mit anderen Artgenossen zu keilen – neben Fressen und Schlafen versteht sich.

Der Charakter einer Katze lässt sich häufig schon in den ersten Lebenswochen erkennen. Wer einige Stunden beim Züchter oder im Tierheim verbringt, kann selbst als Katzenneuling den verschmusten Faulpelz bald vom aktiven Bruchpiloten unterscheiden – und sollte dann den Typ wählen, der am besten zu einem selbst passt. Und zu dem, was man der Katze rein wohnungstechnisch bieten kann.

Zu den sehr individuellen Persönlichkeitsmerkmalen des Stubentigers kommen noch die rassetypischen Verhaltensweisen. Diese sind zwar wahrlich nicht in Stein gemeißelt, trotzdem findet man zum Beispiel bei den Bengalkatzen besonders häufig aktive, verspielte, zugleich aber auch verschmuste Tiere. Birma- und Perserkatzen dagegen sind vor allem für ihr ruhiges Gemüt bekannt. Und für ihren Schlafbedarf. Norwegische Waldkatzen wiederum sind das genaue Gegenteil: ausdauernd, unabhängig und freiheitsliebend. Siamkatzen wiederum gelten als großartige Alleinunterhalter und Havana-Katzen als äußerst lernwillige Schüler. Zumindest einige sind es auch tatsächlich …

Um auf den Punkt zu kommen: Katzen sind eben echte Persönlichkeiten. Keine gleicht der anderen. Und wenn es nach dem Volksmund geht, haben sie überhaupt nur eine einzige Sache gemeinsam: Nachts sind sie alle grau. ✖

ZIEMLICH INTELLIGENT!

Was bedeutet eigentlich »Intelligenz« bei Tieren? Diese Frage lässt sich philosophisch beantworten. Oder psychologisch. Oder ganz einfach indem man Katzen beobachtet.

Unsere Samtpfoten nehmen Herausforderungen auf ganz unterschiedliche Weise an. Da wäre etwa folgende Aufgabenstellung: Wie komme ich am besten an mein Futter? Zum Beispiel mit Geschick. Manche Katzen entwickeln äußerst ausgefeilte Methoden, um zuerst die Küchentür zu öffnen und dann den Schrank, um schließlich mit vollem Pfoteneinsatz die Packung mit den Leckerli zu plündern. Andere Miezen setzen sich so lang, ohne mit der Wimper zu zucken, vor ihren leeren Napf, bis er irgendwann wie von Zauber- (oder Menschen-)Hand gefüllt wird. Tatkraft plus Geschicklichkeit vs. Minimierung des körperlichen Aufwands:

intelligent ist sicherlich beides. Variante drei hingegen strotzt nur so vor Kreativität und Taktik: Die Katze öffnet die Küchentür. Dabei achtet sie ganz genau darauf, dass der allzeit hungrige Familienhund alles mitbekommt, ihr hinterhertappt und sofort gierig ihr schon abgestandenes, nicht mehr sonderlich ansprechendes Futter vertilgt. Alsbald folgt Teil zwei des Plans: lautstarkes und vorwurfsvolles Maunzen. Für den Zweibeiner übersetzt: »Was für eine Gemeinheit, dieses blöde Vieh hat mir schon wieder alles weggefressen!« Und siehe da: Der Napf wird umgehend bis zum Rand mit frischem (!) Futter gefüllt. Und Bello bekommt auch gleich noch einen Rüffel! So abwegig diese Vorgehensweise auch klingen mag: Sie wurde tatsächlich beobachtet und bei einem Test, der Aufschluss über die Intelligenz von Katzen geben sollte, sogar wissenschaftlich belegt. ✖

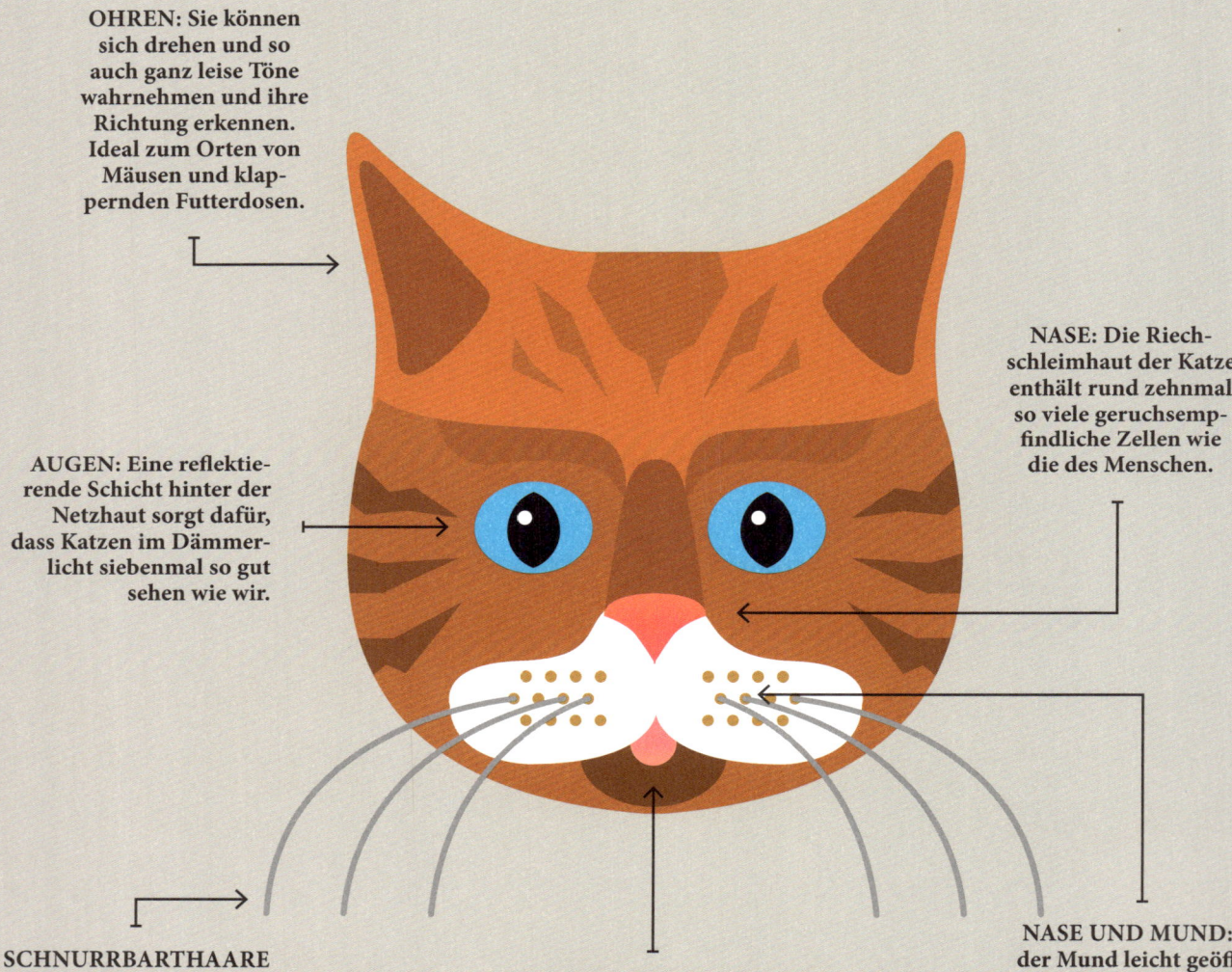

OHREN: Sie können sich drehen und so auch ganz leise Töne wahrnehmen und ihre Richtung erkennen. Ideal zum Orten von Mäusen und klappernden Futterdosen.

NASE: Die Riechschleimhaut der Katze enthält rund zehnmal so viele geruchsempfindliche Zellen wie die des Menschen.

AUGEN: Eine reflektierende Schicht hinter der Netzhaut sorgt dafür, dass Katzen im Dämmerlicht siebenmal so gut sehen wie wir.

SCHNURRBARTHAARE (VIBRISSEN): Sensible Tastorgane, die kleinste Bewegungen und Berührungen, sogar Luftströmungen wahrnehmen.

ZUNGE: Katzen sind Feinschmecker. Ihre Zunge kann nicht nur zwischen salzig, sauer und bitter unterscheiden, sondern hat auch Rezeptoren für »umami«, den typischen Fleischgeschmack.

NASE UND MUND: Ist der Mund leicht geöffnet und die Nase gerümpft, »flehmt« die Katze. Sie nimmt damit Duftstoffe auf, die dann über die Zunge an das Jacobsonsche Organ im Gaumen weitergeleitet werden.

SIEBTER SINN?

Katzen, die ein Erdbeben ebenso früh wahrnehmen wie seismographische Messstationen. Oder die nach einem Umzug Hunderte von Kilometern zurück in die alte Heimat laufen. Solche Geschichten liest man häufig, einige davon sind sogar hieb- und stichfest belegt. Doch haben Katzen wirklich einen siebten Sinn? Das nicht, ihre Sinnesorgane sind lediglich so exzellent und stark ausgeprägt, dass ihre Fähigkeiten uns manchmal fast übersinnlich erscheinen. Und deshalb hat Ihre Katze auch keinen Röntgenblick, nur weil sie mal wieder im Handumdrehen das neue Futterversteck entdeckt hat. ✖

RASSE IST KLASSE

Eine Rassekatze soll es schon sein, aber welche passt wohl am besten zu den eigenen Erwartungen?

Bekanntermaßen kommt es ja auf die inneren Werte an. Wer will schon als oberflächlich gelten? Aber wenn man mal ehrlich ist: Bei der Wahl des neuen Mitbewohners lässt man das Äußere eben doch nicht ganz außer Acht. Zumindest meistens. Wobei sich Katzen unterschiedlichster Rassen beileibe nicht nur durch die Länge und Zeichnung ihres Fells oder ihre Gesichtsform unterscheiden. Man stelle sich stattdessen folgende Partneranzeigen vor. Das schreibt zum Beispiel eine Siamkatze: »Verschmuste Katze sucht menschlichen Partner für gemütliche Stunden vor dem Kamin oder auf der Couch. Ich rede sehr gern und kann manchmal sogar eine echte Quasselstrippe sein. Dafür verspreche ich dir aber ewige Treue und folge dir auf Schritt und Tritt.« Ganz anders würde die norwegische Waldkatze inserieren. Da stünde dann: »Freiheitsliebende, outdoor-begeisterte Mieze sucht neues Zuhause. Abends darf zwar gern mal gekuschelt werden, aber ein Stubenhocker bin ich definitiv nicht.« Bei der Annonce einer Maine-Coon würde hingegen voller Pfoteneinsatz im Vordergrund stehen: »Ich bin ständig auf der Suche nach neuen Aufgaben und Herausforderungen. Habe einiges auf dem Kasten und bin auch handwerklich nicht unbegabt. Aus diesem Grund bekomme ich Türen und Wasserhähne spielend einfach auf. Mit Kindern und vierbeinigen Mitbewohnern komme ich übrigens bestens zurecht.« Derjenige, der die Anzeigen liest, muss sich jetzt nur noch für sein »Lieblingspaket« aus Optik und inneren Werten entscheiden. Gar keine so leichte Wahl. ✖

PERSERKATZE: Der grimmige Blick täuscht. Die Katze mit der Stupsnase, dem langen Fell und dem Eichhörnchenschwanz ist zu jedermann freundlich. Nur das Herumtoben ist nicht ihre Sache, sie liebt eher ein bedächtiges Tempo. Tägliche Fellpflege ist ein Muss!

BRITISH KURZHAAR: Der sanfte »Bulle« mit dem Teddybärengesicht ist zurückhaltend und liebenswürdig, auch Kindern und anderen Katzen gegenüber – typisch britisch eben. Bei aller Umgänglichkeit schätzt er aber auch Stunden der Zweisamkeit auf dem Sofa.

MAINE COON: Der große, muskulöse Naturbursche mit der Halskrause und dem buschigen Schwanz schreckt vor keinem Abenteuer zurück – und will unbedingt an der frischen Luft sein. Gleichwohl legt er zwischendurch auch gern eine Kuschelrunde ein.

SIAMKATZE: Sie weiß, dass sie etwas Besonderes ist – und zwar eine thailändische Prinzessin. Mit unüberhörbarer Stimme fordert sie stete Aufmerksamkeit, ist aber auch zu bedingungsloser Treue bereit, buchstäblich auf Schritt und Tritt.

EUROPÄISCH KURZHAAR: Von wegen »gewöhnliche Katze«! Auch sie ist eine echte Rassekatze, auch wenn es viele Fellfarben und -muster gibt. Robust, unkompliziert und anpassungsfähig, ein Allrounder eben.

DEVON REX: Äußerlich eine extravagante Katze für den besonderen Geschmack mit lockigem Fell, riesigen Ohren und langem, dünnem Schwanz. Dabei aber sanft, verschmust und geduldig. Und weil sie kaum haart, auch gut geeignet für Allergiker.

Bereits geimpft und entwurmt

Im sozialen Raum aufgewachsen

An Menschen gewöhnt

HOCHWOHL-GEBOREN

Seriöse Züchter geben sich ihrer Aufgabe mit Haut und Haar hin und wollen für ihre Kitten nur das Allerbeste. So wie Sie auch.

Züchter. Das klingt für viele Menschen erst mal nach kleinen Kätzchen in noch kleineren Zwingern. Nach Einzelhaltung und Minimalkontakt zu Zweibeinern. Die Realität sieht heute zum Glück jedoch fast immer anders aus: Wohnzimmer statt Käfig, Kratzbaum statt Gitterstäben. Panik beim Anblick fremder Personen? Miezen, die sich ängstlich in der hintersten Ecke des Raumes verkriechen? Gibt es hier nur selten, denn fast immer sind die Kätzchen bei Züchtern vom ersten Tag an den liebevollen Umgang mit Menschen gewohnt und haben die Grundzüge des guten Miteinanders sowie die Regeln des Zusammenwohnens quasi bereits mit der Muttermilch aufgesogen. Schließlich ist das Wohnzimmer von frühesten Kindesbeinen an ihr angestammter Lebensraum.

Überhaupt kommt, wer Wert auf Rassestandards und damit eine waschechte Rassekatze legt, kaum am Züchter vorbei. Wobei die Standards durchaus ihren Preis haben, der wiederum je nach Rasse ganz unterschiedlich hoch ausfallen kann. Und weil Katzen keine Ware sind, die man einfach mal so auf Bestellung kauft, muss man sich möglicherweise auch noch einige Wochen oder Monate gedulden – so lange, bis der nächste Wurf kommt. Dafür hat man sich dann aber auch zumindest den ersten Tierarztbesuch gespart. Denn Katzen vom Züchter haben den ersten Nadel-Pieks bereits hinter sich, sind schon geimpft und wurden vom Kopf bis zu den Pfoten gründlich untersucht.

Wer mehr als einmal zu Besuch kommt, erhöht seine Chancen, die Rasselbande besser kennenzulernen und den für sich passenden Vierbeiner zu finden. Doch Vorsicht, bei so einer Visite besteht akute Stolpergefahr. Ein Wurf kann nämlich schon mal aus sechs oder mehr Kätzchen bestehen. Und die Meute ist oft sofort zutraulich, schleicht dem potenziellen neuen Dosenöffner um die Beine und bezirzt ihn mit Babykatzencharme.

Übrigens: Wer einem Züchter von seinem Haus und seinem Riesengarten vorschwärmt und dem in Zukunft nahezu unbegrenzten Freigang, der sollte seinen Worten auch Taten folgen lassen. Denn Platzkontrollen sind in Deutschland absolut üblich. Hat man das Gefühl, dem Züchter ist es egal, wohin seine Tiere kommen, ist daher Vorsicht geboten. So wie ein zukünftiger Katzenbesitzer nicht die Katze im Sack kaufen möchte, sollte der Züchter – um im Bild zu bleiben – seine Katze auch nicht an einen Sack verkaufen. ✖

UNERFAHREN MIT MENSCHEN: Bislang bestand der soziale Umgang eher aus Mutter, Geschwistern, Kühen und Schweinen.

DAS HAUS IST NEU: Der Bauernhof ist ihre Welt. An alles andere müssen sich die Kätzchen erst langsam gewöhnen.

IMPFUNG? Fehlanzeige! Kätzchen vom Bauern haben in den seltensten Fällen eine Tierarztpraxis von innen gesehen.

JUNG: Die typische Bauernhofkatze kam vor wenigen Wochen in der Scheune auf die Welt und hat ihre ersten Gehversuche im Stroh gemacht.

FRISCH VOM BAUERNHOF

Der Umzug vom Land in die Stadt ist mehr als nur ein Katzensprung. Der Einzug eines »Bio-Kätzchens« erfordert deswegen vor allem eins: sehr viel Geduld.

Vorsichtig. Schritt für Schritt. Zentimeter für Zentimeter. Wer weiß, was hinter der nächsten Ecke lauert? Ferkel? Kuh? Hofhund? Lieber mal in Deckung und Mamas Windschatten bleiben und behutsam durch den Stall schleichen. Erst rechts am Heuhafen vorbei, dann immer geradeaus, unterm Futtertrog durch und kurz vor der Milchkammer links abbiegen. Dort soll es die fettesten Mäuse auf dem ganzen Hof geben.

Wer auf dem Bauernhof nach seinem Glück auf vier Pfoten sucht, muss sich darauf einstellen, dass er dort fast immer junge Kätzchen vorfindet, die im Umgang mit Menschen noch ziemlich unerfahren sind und deren Verhalten von der Mutter und nicht von Zweibeinern geprägt wurde. Weil die wichtigste Prägungsphase bereits zwischen dem 7. und 20. Lebenstag stattfindet, bedeutet das: Der Bauernhof ist ihre Welt. Wohnung, Haus, Menschen? Das alles ist ihnen fremd. Und die fürsorgliche Katzenmama hat dem Nachwuchs beigebracht: Was fremd ist, bedeutet potenziell Gefahr. Nehmen Sie es also nicht persönlich, wenn das Kätzchen in den ersten Tagen im neuen Zuhause eher ängstlich und schüchtern ist und die dunkle Ecke unter der Couch dem schönen neuen Katzenbett vorzieht. Bekanntlich hat ja jedes Leckerli zwei Seiten. Und so wird man mit der Zeit gemeinsam seinen Alltag und Rhythmus finden. Ganz bestimmt. ✖

SECOND-HAND-MIEZE

Liebe auf den ersten Blick ist etwas Wunderbares. Doch Vorsicht: Allzu schnell verwechselt man die Liebe mit Schmetterlingen (oder eben Mäusen) im Bauch. Deshalb sollte man mehrmals im Tierheim vorbeischauen, bevor man sein Herz und die Hoheit über die eigenen vier Wände verliert. Der Vorteil von Tierheimen: Ob vom Alter gezeichnet und entsprechend pflege- und liebesbedürftig oder kecker Jungspund sind hier alle Katzengenerationen vertreten. Die Mitarbeiter kennen jedes Tier, wissen um seine Stärken und Schwächen und können daher auch entsprechend bei der Auswahl beraten. ✖

»Ich liebe Hunde.«

»Ich spiele total gern.«

»Ich habe schon
schlechte Erfahrungen
mit Menschen
gemacht.«

»Ich will kuscheln.«

ICH WOHNE JETZT HIER

Die eine Katze ist weggelaufen, die andere wurde ausgesetzt und die nächste vielleicht in Freiheit geboren. Aber alle sind sie auf der Suche nach einem neuen Zuhause …

Da öffnet man eines Morgens die Tür und schon schießt ein fremder, haariger Blitz an einem vorbei – direkt in die Küche, wo er lautstark nach Futter krakeelt. Kein realistisches Szenario? Das sehen zahlreiche Katzenbesitzer anders. In deutschen Haushalten wohnen eine Menge zugelaufene Katzen.

Auch wenn der Untermieter auf Zeit das sicher anders sieht: Sie müssen nicht sofort Ihre ganze Wohnung umgestalten und das Arbeitszimmer binnen eines Tages in ein Katzenparadies verwandeln. Greifen Sie lieber zum Telefon, um beim örtlichen Tierheim, einem Tierarzt oder der Polizei anzurufen und die Findelkatze zu melden. Auch wenn sie Ihnen dabei um die Füße schleicht, Ihnen immer wieder vorwurfsvolle Blicke zuwirft und durch Augenkontakt zu verstehen gibt, dass sie mit der Wahl der neuen Behausung durchaus zufrieden ist und keineswegs gedenkt, sich jetzt widerstandslos zum Tierarzt fahren zu lassen. Diesen einzubinden ist jedoch unerlässlich. Er überprüft, ob die Katze krank ist und ob sich mittels Mikrochip oder Tätowierung vielleicht der Vorbesitzer ausfindig machen lässt. Es spricht auch nichts dagegen, ein hübsches Portrait zu schießen, dieses an den schwarzen Brettern der Stadt sowie örtlicher Supermärkte anzupinnen und nach dem möglichen Besitzer zu suchen. Sollten jedoch alle Versuche scheitern, können Sie sich schon mal langsam von Ihrem gepflegtem Mobiliar verabschieden. ✖

WOHNUNG VS. FREIGANG

Auf der Couch liegen oder doch lieber ein bisschen Sport machen? Einer Plüschmaus hinterherjagen oder das Abendessen fangen? Mit dem roten Nachbarskater um die Häuser ziehen oder einen gemütlichen Abend im Bett verbringen? Bevor die Katze einzieht, sollte man sich im Klaren sein, was man ihr so alles bieten kann. Eine altersschwache Katze wird meist wenig dagegen haben, es sich in den eigenen vier Wänden bequem zu machen. Einen Freigänger dagegen kann man nicht von heute auf morgen nur noch in der Wohnung halten. Das tut ihm genauso wenig gut wie der Einrichtung. ✖

DIE SACHE MIT DEM ALTER

Quirliger Teenie oder gemütlicher Senior? Beides hat seine Vor- und Nachteile. Sie müssen wissen, was besser zu Ihnen passt.

Der Teppich ist verrutscht, das Spielzeug liegt in alle Himmelsrichtungen verstreut, und die Stehlampe wurde kurzerhand zur Liegelampe umfunktioniert. Kurzum: Das Wohnzimmer wurde mal eben komplett umdekoriert. Nach Katzenart versteht sich. »Wenn sie erst einmal vier, fünf Jahre alt ist, wird sie viel ruhiger«, hieß es. Pustekuchen! Katzen bleiben lange fit, frühestens mit acht oder neun Jahren lassen sich erste Anzeichen von altersbedingter Gemütlichkeit ausmachen. Man kennt das ja selbst. Das gefühlte Alter hat mit dem Geburtsdatum auf dem Papier oft nur wenig gemeinsam. Erst wer die 50 deutlich überschritten hat, kann sich wirklich wie Mitte 30 fühlen.

Und nur weil jemand den Sechzigsten feiert, heißt das noch lange nicht, dass er es ruhig angehen lässt.

Doch zurück zu unseren lieben Vierbeinern: Wer sich für eine junge Katze entscheidet – meist werden die mit etwa zwölf Wochen an ihren neuen Besitzer abgegeben –, muss gerade zu Beginn stets für sie da sein und mehr als nur ein Auge auf sie werfen. Der Vorteil ist freilich, dass man sich hervorragend aufeinander einstellen und miteinander wachsen kann. Ältere Katzen dagegen bringen einiges an Lebenserfahrung und eine eigene Geschichte mit in ihr neues Zuhause. Sie sind bereits selbstständig, haben aber genauso auch schon ihre Routinen, die sie nur ungern wieder aufgeben wollen. Oder was würden Sie sagen, wenn Sie nach jahrelangem Im-Bett-Schlafen auf einmal auf eine winzige Plüschdecke auf dem Boden umziehen müssten? ✖

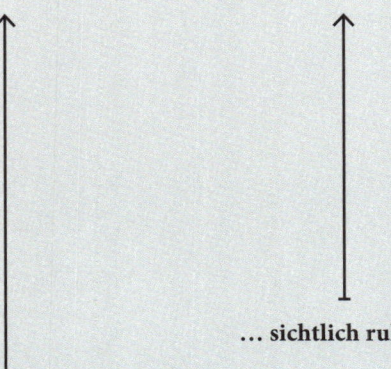

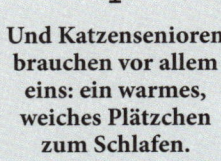

**Wie alle Kinder lieben es auch
junge Katzen zu spielen.**

Mit den Jahren werden sie …

… sichtlich ruhiger.

**Und Katzensenioren
brauchen vor allem
eins: ein warmes,
weiches Plätzchen
zum Schlafen.**

KATZEN-ZUHAUSE

Eine Wohnung einzurichten macht Spaß. Aber wie viel Mitsprache-recht hat denn eigentlich der vierbeinige Mitbewohner in puncto Design? Was hält er von der neuen Couch? Will er sich etwa an dem tollen Stück nur die Krallen wetzen? Und was kann man tun, wenn er den Blumenkübel im Wohnzimmer kurzerhand zum Kat-zenklo erklärt? Damit sich die Katze zu Hause genauso wohlfühlt wie der Mensch, gilt es ein paar Dinge zu berücksichtigen. ✖

WIE MAN SICH BETTET ...

Alle Katzen schlafen gern, das ist nichts Neues. Aber wo sie sich betten, darüber kann man zuweilen wirklich nur den Kopf schütteln. Man könnte es doch so bequem haben ...

Es ist eigentlich gar kein Bett, sondern eher so eine Art kuscheliger Aussichtsturm mit integrierter Schlaffunktion. Genau so, wie es Katzen lieben. Oder besser gesagt: Wie sie es unserer Meinung nach lieben sollten. Leicht erhöht, weder direkt an der zugigen Tür noch so dicht neben der Heizung, dass man sich beim Schlafen das zuvor hingebungsvoll geputzte Fell versengt. Groß genug, um sich darin ausgiebig zu strecken und hin und her zu wälzen. Aber trotzdem so klein und warm, dass man sich schön geborgen fühlt – wie an einem eisig kalten Winterabend vor dem knisternden Kamin. Und das Beste: Als vierbeiniger Herr beziehungsweise vierbeinige Dame des Hauses hat man von diesem Schlafplatz aus den ganzen Raum im Blick. Nichts entgeht einem. Genau so soll es sein. Hat man mal in diesem Ratgeber gelesen ...

So weit die Theorie. Die Praxis sieht jedoch oft ganz anders aus. Da wird das soeben frisch bezogene Kopfkissen mit feinen Härchen garniert oder mal schnell der Korb mit der gebügelten und sorgfältig zusammengelegten Wäsche umsortiert. Da hängt man nur kurz den edlen Kaschmirpullover über die Stuhllehne, und schon wird er zu einer kuscheligen Katzendecke umfunktioniert. Man hört sogar von Miezen, die kurzerhand, pardon kurzerpfote, die noch warmfeuchte Duschkabine als Schlafstätte zweckentfremden. Und das sind nur ein paar, allerdings äußerst naheliegende – und die Betonung liegt hier definitiv auf »liegenden« – Möglichkeiten für die Katzensiesta. Selbst nach Jahren des Zusammenlebens wird man noch überrascht, welch skurrile Plätze sich für das Mittagsschläfchen finden. Die eher buchhalterisch veranlagte Katze ruht mit Vorliebe auf einem langsam verrutschenden Aktenstapel, bis dieser irgendwann umkippt und dem allzeit verfrorenen Vierbeiner nichts anderes übrig bleibt, als auf den für uns doch recht ungemütlich anmutenden Rippen der Wohnzimmerheizung weiterzudösen. Wer seine Sockenschublade morgens offen stehen lässt, sollte sich abends, ehe er sie schließt, vergewissern, dass sie nicht mittlerweile als Ersatzbett auserkoren wurde. Gleiches gilt übrigens für Waschmaschinen. Kein Witz! Gern hält man sein Nickerchen auch mal inmitten von Staubfusseln hinter den alten Schinken im Bücherregal. Und dann gibt es da natürlich noch den Klassiker: mitten auf der PC-Tastatur. Hier schläft es sich übrigens immer dann besonders gut, wenn der Mensch gerade anfangen möchte, am Computer zu arbeiten. Was sind sie doch für ungemütliche Gesellen, diese Zweibeiner. ✖

KATZENKLO, KATZENKLO

Es ist doch toll, wenn die Katze im Haushalt mithilft. Sie wässert den Wohnzimmerteppich, düngt die Pflanzen auf dem Fensterbrett und sorgt dafür, dass der Aufwand bei der Reinigung des Katzenklos möglichst gering bleibt – einfach indem sie es gar nicht erst benutzt. Leider nämlich macht nicht jedes Katzenklo automatisch auch die Katze froh. Unzureichende Reinigung, die falsche Einstreu oder ein zu prominenter Platz können einem das Geschäft ganz schön vermiesen. Mal ehrlich: Wer will schon aufs Klo gehen, wenn es dort unangenehm riecht und einem alle zuschauen können? ✖

VORSICHT, GAFFER!
Blickgeschützt sollte
die Katzentoilette
schon sein.

TÜR ZU, HIER ZIEHT'S!
Niemals in die Zugluft stellen.

IGITT, HIER MÜFFELT'S!
Sauberkeit ist das A und O.

AB INS SEPAREE!
Die Katzentoilette sollte
nie im gleichen Raum
wie das Futter stehen.

**DARF'S EIN
BISSCHEN MEHR SEIN?**
In einem großen Haus und bei
mehreren Katzen mindestens
zwei Toiletten aufstellen.

SO SPEIST DIE KATZE

Die Ergonomie, also das, was beim Schreibtischstuhl wichtig ist, darf beim Kauf eines Futternapfs getrost vernachlässigt werden. Zwar preisen auch deren Hersteller gern die richtige Höhe für die Wirbelsäule oder den korrekten Neigungswinkel für den Katzennacken an. Viel wichtiger ist aber, dass neben dem Futter stets auch ein gefülltes Schüsselchen mit frischem Wasser steht. Wer viel unterwegs ist, kann zusätzlich auch in einen Automaten investieren, der dem Stubentiger das Futter zu vorgegebenen Zeiten serviert. Aber sind wir doch mal ehrlich: Letztendlich kommt es doch nur auf den Inhalt an. ✖

Schüsseln mit Gummirand oder
eine rutschfeste Unterlage sorgen
dafür, dass die Katze neben den
Mäusen nicht auch noch ihrem
Futternapf hinterherjagen muss,
um satt zu werden.

SPIEL, SPASS UND SPANNUNG:
Wenn der Kratzbaum zusätzlich
Höhlen und Podeste bietet, sorgt
er für noch mehr Begeisterung.

PROMINENTER PLATZ:
Der Star im Haus will nicht
in der Rumpelkammer die
Krallen wetzen müssen.

STABILITÄT: Ein
selbst gebauter Kratz-
baum ist natürlich der
größte Luxus. Aber
vergewissern Sie sich,
dass auch wirklich alles
hält. Selbst bei ein wenig
Katzen-Übergewicht.

RAUER UMGANG:
Plüschweich ist gut für
die Liege, Krallen wol-
len raue Griffigkeit. Für
DIY-Fans: Eine grobe
Sisalschnur stramm um
einen Holzstab oder
ein Brett wickeln.

ANIMATION IST GEFRAGT:
Straft die Katze den Kratzbaum
mit Ignoranz, hilft nur eins: Seien
Sie ein gutes Vorbild, und kratzen
Sie selbst eifrig drauflos.

WAS KRATZT DENN DA?

Fürs Krallenwetzen nimmt sich eine Katze mindestens so viel Zeit wie für die Fellpflege. Will man also keinen Ärger, denkt man dementsprechend an ein geeignetes »Nagelstudio«.

Angeblich sind für Frauen gepflegte Hände bei Männern wichtiger als ein Waschbrettbauch. Bei Katzen würde das bedeuten, dass man ruhig die eine oder andere Maus mehr verdrücken kann, solange Pfoten und Krallen gepflegt sind. Also nichts wie raus an den nächsten Baum und fleißig die Nägelchen wetzen. Das säubert, schärft und soll nicht zuletzt das andere Geschlecht in der Nachbarschaft betören. Außerdem teilt der dabei automatisch hinterlassene feine Drüsenduft dem Katzenvolk mit, dass man sein Revier nach wie vor in Anspruch nimmt.

Bei miserablem Wetter durchstreift die auf ihr Äußeres bedachte Katze auf der Suche nach einer passenden Alternative für die tägliche Maniküre die Wohnung. Spätestens jetzt freut sich der Katzenbesitzer, dass er zum Einzug des neuen Mitbewohners an prominenter Stelle einen Kratzbaum aufgestellt hat. Und Mieze freut sich, dass viele Modelle gleich noch mit einer herrlich kuscheligen Höhle und einem Aussichtsplatz aufwarten. So fängt man zwei Fliegen auf einen Schlag.

Die Preisspanne ist bei Kratzbäumen zwar groß, günstiger als eine neue Couch oder eine neu zu tapezierende Wohnzimmerwand sind sie aber allemal. Denn eins ist gewiss: Ohne Kratzbaum – in einer kleineren Wohnung tut es natürlich auch ein Kratzbrett – findet die Katze eine Alternative. ✖

GANZ OBEN

Wären die heimischen vier Wände ein Piratenboot, wäre klar, welche Rolle die Katze einnehmen würde. Sie wäre derjenige Seeräuber, der den ganzen Tag hoch oben im »Krähennest« verbringen darf, um nach Feinden und möglicher Beute Ausschau zu halten. Alles im Blick haben, über den Dingen stehen: Das ist genau ihr Ding. Katzen lieben erhöhte Plätze zum Dösen, Schlafen und Beobachten. Wer seinem vierbeinigen Mitbewohner ein entsprechendes Zuhause bieten möchte, sollte also nicht auf dem Boden der Tatsachen bleiben, sondern lieber hoch hinaus denken. Und noch höher. ✖

BEOBACHTUNGSPOSTEN ODER SCHLAFPLATZ?

Dass man Katzen gerne nachsagt, sie würden nicht sitzen, sondern thronen, kommt nicht von ungefähr. Es ist schließlich das Bestreben eines jeden Regenten, sein Fußvolk – in diesem Falle die zweibeinigen Dienstboten – im Blick zu behalten. Von erhöhten Plätzen aus kann die Katze ihr Revier sicher vor Gefahren bewachen. Und ist das Podest taktisch klug gelegen, kann sie von dort aus sogar beim Frisurstyling mithelfen: Mit einem kurzen, gut platzierten Tatzenhieb auf den Kopf des vorbeilaufenden Menschen lassen sich dessen Haare exzellent auftoupieren. Diesem »Spiel« wird gern und ausgiebig gefröhnt – bis Mieze irgendwann die Augen zufallen. Dann wird aus dem Beobachtungsposten ganz schnell eine gemütliche Schlafplattform.

REGAL UND FENSTERBRETT: DIE HEIMLICHEN HELDEN

Die Zeiten, in denen Regale ausschließlich Büchern vorbehalten waren, sind passé. Ein kuscheliges Plätzchen zwischen dem Rilke-Gedichtband und der neuesten Liebesschnulze wird keine Katze verschmähen (dass Kater lieber zwischen PS-strotzenden Bildbänden und spannenden Krimis schlafen, ist übrigens ein Gerücht). Getoppt wird das Regal nur noch vom Fensterbrett. Die kostbaren, leicht zerbrechlichen Blumenvasen sollten also lieber weichen und Platz für ein kleines Kuschelkissen machen. Darauf ruht man ungestört, hat alles im Blick und wird mit etwas Glück auch noch von der Heizung darunter gewärmt. Was braucht es mehr?

VON HÖHLEN UND KATZEN

Verstecken spielen geht immer, auch noch im höheren Katzenalter. Deshalb gehören Höhlen zu den beliebtesten Rückzugsräumen in der Katzenwohnung. Auch hier gilt wieder: am liebsten auf allen Ebenen. Eine kuschelige Decke über dem Stuhl und ein Karton mit Luke auf dem Schrank – schon fühlt sich der Stubentiger wie im Paradies. Aber es muss nicht immer eine Höhle sein. Kleine weiche Polster an verschiedenen Stellen der Wohnung begeistern den Mitbewohner genauso. Sein Mensch dagegen ist in der Regel alles andere als begeistert, wenn die Wahl des Schlafplatzes trotzdem ausgerechnet auf den Korb mit der frischen Wäsche fällt. Seltsam, wo es dort so weich und kuschelig ist. ✖

LIVING IN A BOX

Katzen sind eigensinnig, auch wenn es darum geht, von A nach B zu kommen. Aber Selberlaufen geht eben nicht immer.

Eben hieß es noch, Katzen hätten keinen siebten Sinn. Und jetzt? Da drapiert man liebevoll eine Transportbox in der Mitte des Wohnzimmers. Kleidet sie mit einer herrlich weichen Decke aus. Beträufelt diese gefühlvoll mit Baldriantropfen. Verteilt Leckerlis … Und was macht die Katze? Sie sitzt in sicherer Entfernung auf einem Stuhl und beobachtet skeptisch, mit welch unbändigem Elan der Zweibeiner versucht, sie zu einem Besuch dieser kuscheligen Box zu animieren. Spätestens jetzt kommt man doch ins Grübeln, was denn bitte schön für diese Skepsis verantwortlich sein soll. Ob Katzen eine solche »Falle« tatsächlich riechen können? Was für ein Glück, dass es kein Ernstfall ist.

Es ist durchaus ratsam, das Begehen der Transportbox zunächst spielerisch einzuüben. Wird die Katze nämlich erst dann zum ersten Mal darin »eingesperrt«, wenn sie wirklich krank ist oder sich in schlechter körperlicher Verfassung befindet, bedeutet das für sie jede Menge zusätzlichen Stress.

Auch beim Kauf der Transportbox gilt es, einige grundlegende Regeln zu beachten: Als allererstes sollte sie natürlich ausbruchsicher und gut belüftet sein. Dann dürfen die Pfoten nicht weit durch die Öffnungen passen – das sorgt gleichzeitig für einen entsprechenden Sichtschutz. Generell eignen sich Kunststoffboxen besonders gut, denn sie sind handlich und leicht. Kartons, ein Metallkäfig oder eine kleine Reisetasche aus Stoff sind dagegen weniger zu empfehlen. Welcher Stubentiger will schon wie ein Fernseher, ein Papagei oder ein Schoßhündchen »verreisen«?

Doch auch wenn die Box theoretisch betrachtet nicht besser ausgestattet sein könnte: Nur Übung macht den Meister. Katzes Lieblingsaufenthaltsort ist sie nämlich meistens nicht (Ausnahmen bestätigen die Regel). Also wird erst mal weiter gut zugeredet und mit kulinarischen Schmankerln gelockt. Immer und immer wieder. Dann, endlich, nach unzähligen Versuchen gelingt es mit vielen lieben Worten und dem Einsatz von noch viel mehr Kaustangen und Leckerlis, die Katze zu einer Stippvisite zu animieren. Zur Belohnung gibt es in der Küche noch eine kleine Extraportion Lieblingsfutter obendrauf. Dort liegt vom morgendlichen Einkauf noch eine zerknitterte Papiertüte auf dem Boden. Ohne zu zögern schlüpft Mieze hinein, dreht sich zweimal im Kreis und macht es sich bequem. Lediglich die Schwanzspitze lugt noch heraus. Blanker Hohn! ✖

Kunststoffboxen sind handlich, leicht und praktisch, wenn es ums Saubermachen geht.

Ein abnehmbarer Deckel sorgt dafür, dass man widerspenstige Katzen auch mal einfach in die Box heben kann.

Die Gitterzwischenräume sollten nicht zu groß sein, sonst kommt ganz schnell eine Pfote durch – und das kann für Katze und Mensch schmerzhaft werden.

Eine Kuscheldecke sorgt für den wohl-vertrauten Geruch.

Die Katze hat trotz allem keine Lust auf die Transportbox? Im Zweifel hilft eins im-mer: Leckerlis.

VON BÜRSTEN UND VON KÄMMEN

Wer wird nicht gern hingebungsvoll gekrault und massiert? Wenn dabei gleichzeitig auch noch das Fell gepflegt wird: umso besser. Eine Katze sollte möglichst von klein auf an Bürsten und Unterwollkämme gewöhnt und damit ausgiebig verwöhnt werden. Gerade bei Rassen mit löwengleicher Haarpracht wie den Perserkatzen kann die Unterwolle sonst sehr leicht verfilzen – woraus im Nu ein Fall für den Tierarzt wird. Natürlich ist die Fellpflege aber auch Geschmackssache: Aus verbindlicher Quelle weiß man, dass es sogar Katzen gibt, die sich mit nichts lieber ihren Bauch kraulen lassen als mit einer Gabel. ✖

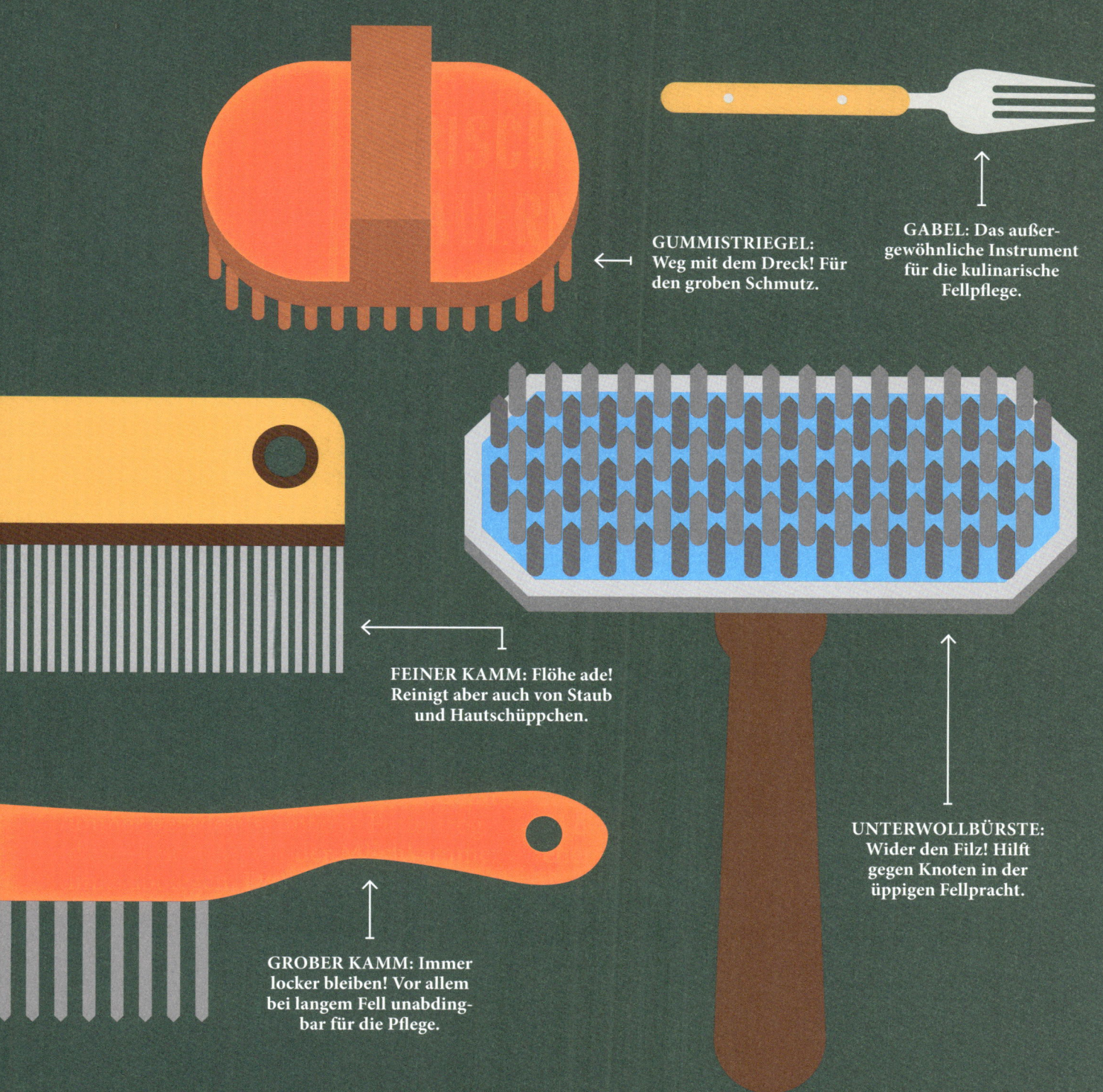

GUMMISTRIEGEL: Weg mit dem Dreck! Für den groben Schmutz.

GABEL: Das außergewöhnliche Instrument für die kulinarische Fellpflege.

FEINER KAMM: Flöhe ade! Reinigt aber auch von Staub und Hautschüppchen.

UNTERWOLLBÜRSTE: Wider den Filz! Hilft gegen Knoten in der üppigen Fellpracht.

GROBER KAMM: Immer locker bleiben! Vor allem bei langem Fell unabdingbar für die Pflege.

ELASTISCHE BINDE: Wie beim Menschen zur Wundabdeckung über der Verbandwatte

FIEBERTHERMOMETER: Gibt schnell Aufschluss über die Körpertemperatur

RETTUNGSDECKE: Damit der Vierbeiner nicht auskühlt, wenn er sich nicht bewegen kann

RUHE: Nichts hilft so gut wie ein Mensch, der Ruhe und Zuversicht vermittelt

WURMKUR: Gegen unliebsame Untermieter im Katzenkörper hilft es, viermal im Jahr zu entwurmen

HEFTPFLASTER: Wunderbar, um rutschende Verbände schnell festzukleben

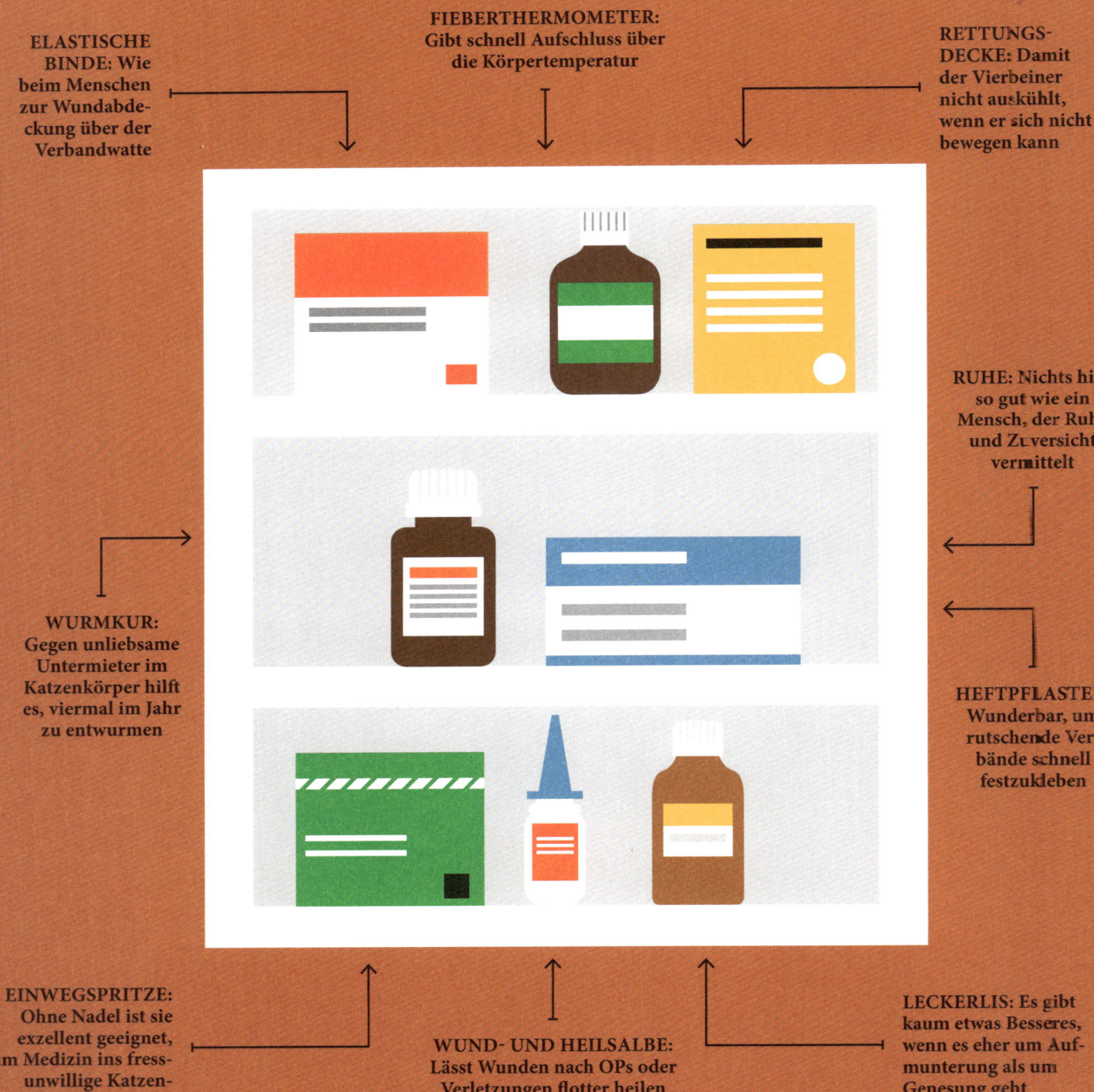

EINWEGSPRITZE: Ohne Nadel ist sie exzellent geeignet, um Medizin ins fressunwillige Katzenmaul zu befördern

WUND- UND HEILSALBE: Lässt Wunden nach OPs oder Verletzungen flotter heilen

LECKERLIS: Es gibt kaum etwas Besseres, wenn es eher um Aufmunterung als um Genesung geht

KATZEN-APOTHEKE

Kranke Katzen brauchen genauso viel Aufmerksamkeit wie kranke Menschen. Mindestens!

Kläglich wimmernd liegt sie auf dem Sofa, bewegt sich nicht und faucht bei der kleinsten Berührung wild drauflos. Nicht einmal das Lieblingsfutter kann sie dazu animieren, sich aufzurappeln. Selbst wenn eine frische Garnele obenauf liegt. Leider bleiben eben auch Katzen nicht von Unfällen, Blessuren und Krankheiten verschont. Wie gut, das man für die wichtigsten Situationen gerüstet ist und im Bad eine Ecke für die Katzenapotheke freigeräumt hat.

Vor allem wenn sich eine Katze nicht bewegt, macht man sich furchtbare Sorgen. Kennt man ja sonst auch gar nicht. Ein Gutes hat es aber zumindest: Die Gegenwehr beim Fiebermessen, beim Auftragen von Wund- und Heilsalben sowie beim Anbringen von Heftpflastern und elastischen Binden fällt äußerst gering aus. Nicht erschrecken: Eine Körpertemperatur zwischen 38 und 39 Grad ist bei uns vielleicht bedenklich, bei Katzen aber ganz normal. Zumindest hier kann also schon mal Entwarnung gegeben werden.

Kratzspuren an Ohr und Nase könnten auf einen Kampf mit einem Rivalen hindeuten. Zum Glück ist in so einem Fall der Schock in der Regel deutlich größer als die eigentliche Verletzung. Neben Wundsalbe hilft dem »Helden« daher vor allem ein ganz besonderes Heilmittel: Leckerlis. Sie sind Balsam für die geschundene Katzenseele. Bleibt ihre wunderbare Wirkung aus, sollten Sie im Zweifelsfall trotzdem den Tierarzt zurate ziehen. ✘

PURER LUXUS

Es gibt nichts, was es nicht gibt. Mehr oder weniger stilvolle Accessoires für die Katze können einen mitunter ganz schön ins Grübeln bringen.

Sie sind auf der Suche nach einem passenden Weihnachtsgeschenk für Ihren vierbeinigen Lebensabschnittsgefährten? Wie wäre es denn mit einem modischen Katzenhalsband? Aus feinstem Leder. Mit Strass. Oder gleich mit Diamanten. Für eine Million Euro.

Bei Accessoires für Katzen gilt: Es gibt nichts, was es nicht gibt. Aber braucht es deshalb gleich einen goldenen Thron im Wohnzimmer? Der dient zwar nicht nur als Blickfang, sondern auch als Katzenbett. Doch ob die Königin des Hauses darauf lieber schläft als auf dem frisch gewaschenen Kleiderstapel im Wäschekorb? Da hat das Kletter-, Spiel- und Schlafparadies für zweieinhalbtausend Euro schon bessere Karten. Fraglich bleibt jedoch auch hier, ob

Mieze beim Herumtollen überhaupt Zeit hat, das zertifiziert heimische Walnussholz und das liebevoll von Hand geschnitzte Dekor gebührend zu begutachten.

Apropos begutachten: Am allerschönsten Tag des Lebens stehen bei so manchem Katzenbesitzer offensichtlich nicht nur die Braut und der Bräutigam im Mittelpunkt, sondern auch der tierische Mitbewohner. Und wem zu diesem Anlass ein gesundes, glänzendes Fell nicht genug ist, der findet im Internet Brautkleider für fesche Miezen und Sakkos für echte Katerkerle. Man muss es aber schon mit einem besonders geduldigen Exemplar zu tun haben, wenn man der Katze so etwas anziehen möchte. Im Normalfall darf man wohl eher mit nachdrücklicher Gegenwehr rechnen. Weshalb es ratsam ist, erst die Katze einzukleiden, bevor man selbst ins Hochzeits-Outfit schlüpft. Stressfreier ist es, auf den schicken Zwirn beim Vierbeiner einfach komplett zu verzichten.

Wer die Not(durft) zur Tugend machen möchte, der findet neben all diesen Dingen im Zoofachhandel selbstverständlich unzählige durchdesignte Katzentoiletten. Ob kubisch im Bauhaus-Stil, Rokoko oder Pop Art: 500 Euro und mehr auszugeben ist kein Problem. Was soll's? Solange es immer sauber und ordentlich geputzt ist und die Einstreu den richtigen Griff hat, wird's der Katze recht sein.

Die Luxuswelt macht selbstverständlich auch vor der Küchentür, pardon, dem Futternapf nicht Halt. Wem also Rind in Gelee und Kaninchen in Sauce zu langweilig ist, der kann seinen Vierbeiner gern mit Freilandpute an frisch gehobelter Trüffel mit hausgemachten Frischeispätzle verwöhnen. Warum auch nicht? Bislang wurde allerdings im Nachmittagsprogramm noch keine Tier-Doku ausgestrahlt, bei der man eine Wildkatze im Wald nach Trüffeln scharren sieht, mit denen sich der eben gerissene Truthahn verfeinern ließe. ✖

ZUSAMMEN LEBEN

Man hat sich kennengelernt, sich gegenseitig beschnuppert und für sympathisch befunden. Alle Accessoires sind angeschafft, das Wohnzimmer wurde vom Heimkino in ein Katzen-Spielparadies umgewandelt, und die Futternäpfe stehen bereit. Doch vom ersten Date über das Einrichten der gemeinsamen Wohnung bis hin zum harmonischen Leben zu zweit (oder mehr) ist es ein weiter Weg. Gut zu wissen, wie man ihn ohne größere Probleme meistert, den neuen Mitbewohner an andere Haustiere gewöhnt und selbst die Zeit mit dem Stubentiger in vollen Zügen genießen kann. ✖

ALLES SO NEU HIER

Alles neu macht der Mai – oder auch ein Umzug in ungewohntes Terrain. Wobei nicht nur junge Katzen Zeit brauchen sich umzugewöhnen.

Jeder Mensch hat seine Marotten und möglicherweise auch die eine oder andere kleine Macke. Bei Katzen ist das nicht anders. Wer die letzten 17 Jahre mit seiner Tiffy, seinem Theo oder auf welchen Namen der Vierbeiner auch immer gehört hat (oder eben nicht) zusammenlebte, wird sich deshalb erst mal ziemlich wundern, wenn ein neues Kätzchen einzieht. Denn selbst wenn das neue Familienmitglied genauso aussehen sollte wie Tiffy oder Theo oder wer auch immer, wird es sich mit Sicherheit ganz anders verhalten. Aus diesem Grund sind für das bessere Kennenlernen in den heimischen vier Wänden zwei Dinge absolut elementar: Geduld und Nachsicht. Gerade junge

Katzen wurden zum ersten Mal aus ihrer vertrauten Umgebung gerissen. Wenn der erste Gang auf die wunderschön hergerichtete Katzentoilette auf sich warten lässt, wenn man, äh Katz, vor Nervosität an Teppichen und Vorhängen knabbert statt am Spielzeug und anstelle gemütlichen Kuschelns auf der Couch erst mal ängstliches Verstecken hinter derselbigen angesagt ist, dürfen Sie eins nicht vergessen: Aller Anfang ist schwer. Katzen sind absolute Gewohnheitsfanatiker, die neue Umgebung bringt sie erst einmal völlig aus dem Konzept. Der zweibeinige Mitbewohner sollte deshalb versuchen, so schnell wie möglich einen geregelten Tagesablauf mit Ritualen und festen Essenszeiten zu etablieren. Außerdem wird das neue Familienmitglied es gerade am Anfang sehr zu schätzen wissen, wenn es genug Rückzugsmöglichkeiten und Ruhe hat. ✖

AUF AUGENHÖHE:
Man nimmt dem
Familienzuwachs
einen Großteil seiner
Angst,wenn man
in die Knie geht,
um nicht so riesig
zu wirken.

NICHT FALSCH VERSTEHEN:
Auf Augenhöhe bedeutet nicht,
dass Sie Ihrer Katze in die
Augen schauen sollen. Das kann
von ihr nämlich schnell als Drohung aufgefasst werden.

KEINE EILE: Die Katze
sollte das Tempo des
Kennenlernens selbst
bestimmen dürfen.
Seien Sie offen dafür,
dass der Vierbeiner den
Takt angibt.

**IMMER DER GLEICHE
TROTT:** Gerade am Anfang
sollte viel Routine den Tagesablauf bestimmen. Das erleichtert
die Eingewöhnung.

TRICK 17: Leckerlis aus
der Hand füttern soll
schon häufig der Beginn
einer wunderbaren
(kulinarischen) Freund-
schaft gewesen sein.

ERST MAL ABWARTEN

Die beste Strategie im neuen Zuhause: abwarten und Kaffee trinken – oder sich wahlweise unter den Schrank verziehen.

Als Neuer hat man es selten leicht. Der Neue in der Schule muss sich zunächst in der Klasse zurechtfinden, der neue Nachbar auf die passende Gelegenheit warten, Bekanntschaften zu schließen. Der Neue im Büro muss sich langsam in die Programme und Prozesse einarbeiten … Und die neue Katze? Für die ist erst einmal alles fremd. Fremde Gerüche, fremde Zimmer, fremde Schlafplätze. Da gibt es nur eins: vorsichtshalber unter dem Schrank verkriechen.

Im Kinderzimmer werden bereits die ersten Wetten abgeschlossen: Wie lange wird sich der haarige Familienzuwachs wohl noch verstecken? Wo man doch schon so hingebungsvoll versucht hat, ihn mit animierendem Klatschen, einem wild hin und her sausenden Spielzeug und der Taschenlampe zum Herauskommen und gemeinsamen Herumtoben zu motivieren. Perspektivewechsel: ängstlicher Blick unter dem Schrank hervor. Die Luft scheint rein zu sein. Gut, denn nach der langen und aufregenden Autofahrt macht sich allmählich Hunger bemerkbar. Vorsichtiges Hervortasten, Millimeter für Millimeter aus dem Versteck heraus. Aber dann: ein lautes Klatschen. Ein Ball landet gerade mal fünf Zentimeter von den Schnurrhaaren entfernt, und ein entsetzlich grelles Licht blendet die Augen. Alarm! Rückzug! Und bloß nicht mehr so bald rauswagen.

Es ist ein schmaler Grat zwischen Animation und Abschreckung. Genau wie Sie sollten deshalb auch Ihre Kinder der Katze Zeit und Ruhe geben, sich an das neue Zuhause zu gewöhnen. Wenn man das erste Mal bei der Familie des neuen Partners zum Abendessen eingeladen ist, verhält man sich schließlich auch zuerst mal zurückhaltender. Versuchen Sie, die Situation einfach mal aus der Katzenperspektive zu betrachten – und das ist in diesem Fall durchaus wortwörtlich gemeint: Wer in die Hocke geht, wenn er sich mit seiner Katze unterhält, wirkt weniger groß und einschüchternd. Direkter und lang anhaltender Blickkontakt ist allerdings strengstens untersagt. Sie wollen dem neuen Familienmitglied schließlich nicht gleich drohen. Und dann gibt es da noch einen tollen Trick für die ersten Nächte in der neuen Wohnung: Wir Menschen assoziieren einen laut tickenden Wecker vermutlich nicht unbedingt mit erholsamem Schlaf. Eine junge Katze jedoch fühlt sich durch das regelmäßige Tick-Tack vielleicht an den Herzschlag ihrer Mutter erinnert. Ausprobieren schadet ja nicht. ✖

FUTTER-VERWEIGE-RUNG: Ein Lieblingsessen sei natürlich auch der Katze vergönnt. Wird aber sämtliches andere Futter verweigert, sollte man nicht zu nachgiebig sein.

KRATZEN BEIM AN-FASSEN: Damit man nicht bei jedem Fiebermessen Leder- oder Gartenhandschuhe tragen muss, sollte früh gegengelenkt werden.

BETTELN: Unbedingt ignorieren, auch wenn es neben dem Esstisch putzig ausschaut und man am liebsten ein eigenes Service anrichten würde. Sonst ist man bald nur noch eins: genervt.

UNSAUBERKEIT: Ist die Katze krank, oder protestiert sie gegen etwas? Hier ist Fingerspitzengefühl gefragt.

KRATZEN AN MÖBELN: Katzen sind Zauberkünstler. Sie verwandeln sämtliche Möbel gar zu schnell in Kratzbäume.

WER ERZIEHT HIER WEN?

Natürlich lassen sich Katzen nicht einfach erziehen wie Hunde. Sie sind schließlich die kleinen Schwestern und Brüder des Königs der Tiere. Ein paar Dinge sollten aber nichtsdestotrotz klar sein.

Katzen sind Meister im Schlussfolgern. Zumindest dann, wenn es ihnen einen Vorteil bringt. Genauer gesagt: Wenn es irgendetwas mit Futter zu tun hat. Dass das leise Quietschen der Schranktür mit dem gefüllten Futternapf in Verbindung steht, kapieren sie offensichtlich sehr viel schneller, als dass unser verscheuchendes Klatschen eine Aufforderung ist, gefälligst vom Küchentisch zu verschwinden. Man lernt eben, was man lernen möchte. Das bedeutet jedoch auch: Wenn Betteln dazu führt, dass der Napf gefüllt wird, dann wird morgen eben wieder gebettelt. Dieser Spirale sollte so früh wie möglich Einhalt geboten werden – mit den entsprechenden Erziehungsmaßnahmen, vor allem aber mit viel Konsequenz (mehr dazu auf Seite 65). Wobei es zu beachten gilt, dass Katzen zwar äußerst empfänglich sind für das sprichwörtliche Zuckerbrot. Die Peitsche aber lassen Sie unbedingt im Schrank. Vielmehr sollte der Zweibeiner mit gutem Beispiel vorangehen, positive Verhaltensweisen verstärken und seinen vierbeinigen Mitbewohner so zum Nachahmen anregen. Keine Sorge, man muss nicht selbst das Katzenklo aufsuchen. Aber wenn es gleich nach dem Geschäft gereinigt wird, wird die Katze im Gegenzug den Rest der Wohnung geflissentlich sauber halten. Ehrensache! Seien Sie also in den richtigen Momenten Lehrer und in anderen Momenten Diener. Getreu nach dem Motto: Hunde haben Herrchen, Katzen haben Personal. ✖

ACH, SO GEHT DAS!

In der Schule absolut tabu, bei Katzenkindern dagegen ausdrücklich erwünscht: abschauen, spicken, nachmachen. In der Natur werden nämlich viele Verhaltensweisen durch Nachahmen erlernt. Die Mutter macht vor, wie man sich vor Feinden versteckt. Zeigt, wo es bequeme Schlafplätze gibt und wie man eine Maus fängt. Nutzen Sie diese Neigung, und bestärken Sie erwünschtes Verhalten positiv. Aber Vorsicht: Am liebsten schaut sich das neue Familienmitglied ab, wie man den Schrank mit den Futterdosen öffnet oder dass man sich auf dem Kopfkissen hervorragend zur Ruhe betten kann. ✖

TIERISCHE MITBEWOHNER

Revierkämpfe finden nicht nur im Garten und auf der Straße statt. Ob Hund oder Katze – ein bereits vorhandener Vierbeiner wird erst mal alles andere als begeistert sein von der Idee, sein Zuhause teilen zu müssen. Ein Einzelkind freut sich auch nur so lange auf das Geschwisterchen, bis es Essen, Spielzeug und – das Schlimmste – Aufmerksamkeit teilen muss. Die Prioritäten mögen bei Haustieren anders liegen, aber auch bei ihnen müssen Fronten geklärt und Grenzen gezogen werden. Generell gilt: Katzen sind flexibel und anpassungsfähig. Aber sie können eben doch nicht ganz aus ihrer Haut. ✖

ANDERE KATZEN

Zwei kleine Kätzchen? Gar kein Problem. Außer für die Dekoration auf der Fensterbank. Bringt man junge Tiere zusammen, werden sie beim Toben und Spielen schnell Freundschaft schließen und unter sich ausmachen, wer im Zweifelsfall das Sagen hat. Ähnlich sieht es aus, wenn eine neue Katze (besser noch: ein Kätzchen) auf einen erwachsenen Kater trifft. Die sind meist umgänglich, bleiben zwar zuerst etwas auf Distanz, tauen dann aber langsam auf. Erwachsene Kätzinnen hingegen werden dem Neuankömmling zuerst einmal zeigen, wer zu Hause den Ton angibt. Man sollte die ersten Treffen also besser im Auge behalten. Zudem brauchen die »alten« Kätzinnen besonders viel Aufmerksamkeit, damit sie sich nicht vernachlässigt fühlen.

KLEINTIERE UND VÖGEL

Wie rücksichtsvoll von den Menschen, dass sie sogar das Futter dort drüben im Käfig füttern, damit es schön dick und träge wird. Aber wann wird die Maus denn nun endlich freigelassen und die Jagdsaison eröffnet? Vor allem kleinere Nagetiere sind in den Augen einer Katze instinktiv eher Beute als Spielgefährte oder Mitbewohner. Überlassen Sie ihr daher lieber nicht unbeobachtet die Aufgabe des Mäusesitters. Den Wellensittich zu erwischen wäre ebenfalls keine große Kunst. Apropos: Lassen Sie sich nicht täuschen, falls die Katze den Käfig am dritten Tag scheinbar links liegen lässt. Gespieltes Desinteresse kann durchaus Teil einer längerfristigen Jagdstrategie sein. Man denke nur an die wunderbaren Comicfilmchen mit Sylvester und dem kleinen gelben Tweety.

FISCHE UND REPTILIEN

So ein Angelausflug wäre genau das Richtige nach einem harten Tag auf der Couch. Wie gut, dass das Goldfischglas so prominent auf dem Beistelltisch im Wohnzimmer steht. Ob nun zwei oder drei Fischlein darin schwimmen – wer merkt da schon den Unterschied? Um solche und ähnliche Gedankengänge zu vermeiden, empfiehlt es sich, Aquarien und Terrarien abzudecken und dadurch für Sicht- und Angelschutz zu sorgen. Denn selbst die wohlerzogenste Katze (ob dies nun ein Widerspruch in sich ist, darf jeder für sich selbst entscheiden) kann ihre Instinkte und ihren Jagdtrieb nicht auf Knopfdruck ausschalten. Daher: Wehret den Angelausflugs-Anfängen. ✖

SCHWANZWENDELN:
Was dem einen Freud, ist dem anderen Nervosität. Auch wenn sich die Geste ähnelt, sagt das Hin und Her des Schwanzes bei Hund und Katze völlig Unterschiedliches aus.

SCHNURREN UND KNURREN:
Schwierig, dieses Kennenlernen. Stehen sich Hund und Katze gegenüber, und der Hund knurrt leise, weil er sich unwohl fühlt, kann das von der Katze als Schnurren missverstanden werden. Sie kommt ihm dann noch näher – und schnapp! – hat sie die erste negative Erfahrung gemacht.

ANGEHOBENE PFOTE: Die Katze meint damit: »Komm du mir jetzt bloß noch einen Schritt näher! Ich habe die Waffen schon hergerichtet. Gleich wirst du meine Krallen in der Nase haben.« Bello aber versteht's in seiner Sprache: »Keine Angst, ich tu dir nichts. Lass uns lieber spielen.« Was folgt, ist klar, oder?

WAS WILLST DU DENN?

Es könnte alles so einfach sein, wenn man der Sprache des anderen mächtig wäre. Stattdessen kommt es immer wieder zu Missverständnissen.

Da stehen sie sich nun gegenüber: der Hund und die Katze. Bei beiden zuckt der Schwanz von links nach rechts, von rechts nach links. Hin und her, her und hin, immer schön im Takt …

»Die wollen nur spielen«: Dieser Satz steht nicht nur für eines der grundlegendsten Missverständnisse in Sachen Tierkommunikation. Er kündet auch gern mal einen ungeplanten Tierarztbesuch an. Wenn es um die Gestik geht, könnten Katze und Hund schließlich kaum gegensätzlicher sein. Dass sie generell nicht miteinander auskommen, ist zwar definitiv ein Irrtum. Aber sie haben in vielen Fällen bereits unangenehme Begegnungen (mit) der anderen Art gemacht oder mit Verständigungsschwierigkeiten zu kämpfen. Was heißt: Sie sprechen unterschiedliche Körpersprachen. Von absichtlichen Fehlinterpretationen mal ganz abgesehen – so ein wedelnder Hundeschwanz lädt schließlich wunderbar zum Fangenspielen ein. Trifft die junge Katze das erste Mal auf den Familienhund, sollte dieser daher auf jeden Fall angeleint sein. In den ersten Tagen ist vorsichtiges Beschnuppern angesagt – immer unter Beobachtung. Warum? Ein langsames Blinzeln der Hundeaugen ist für die Katze zum Beispiel ein echtes Zeichen der Zuneigung. Der Hund hingegen kann ihr vermeintliches Starren schon mal als Drohung verstehen. In der Kennenlernphase ist also Vorsicht geboten. ✖

STUR BLEIBEN

Wenn die Katze Grenzen überschreitet, sollte frühzeitig interveniert werden. Sonst hat man es schwer, sich durchzusetzen.

»Nein! Ganz pfui. Du weißt, dass du das nicht darfst!« Klare Worte. Wäre da nicht die himmelschreiende Inkonsequenz in Form einer ausgiebigen Streicheleinheit für die auf dem Esstisch liegende Katze, deren Zunge der Käseplatte gerade gefährlich nahekommt. Die Worte sind in diesem Moment nur noch Schall und Rauch. Viele Katzenbesitzer haben ein Händchen für solche Eigentlich-Situationen. »Eigentlich darf sie das ja nicht, aaaaber …« Eigentlich-Gründe gibt es viele: Sie schaut so putzig aus, wenn sie auf dem Teller liegt. Sie schläft gerade so tief auf meinem Kopfkissen. Sie war doch gestern so krank, da bekommt sie heute fünf Extra-Portionen. Oder auch: Sie freut sich immer so sehr, wenn sie an der Butter schlecken darf. Schluss damit! Bei der Katzenerziehung ist Konsequenz gefragt. Wer das vergisst, wird ganz schnell vom Mentor zum Objekt der Erziehung degradiert. Heißt: Wer nicht beim ersten Krallenwetzen an der neuen Couch Einhalt gebietet und auch Schärfungsversuch Nummer zwei und drei eiskalt unterbindet, der wird sich damit abfinden müssen, einen sehr teuren Designer-Kratzbaum in Sofaform erworben zu haben.

Katzen lieben es zwar, Grenzen auszutesten. Sie respektieren diese aber durchaus, wenn sie klar und konsequent gezogen werden. Und mit Konsequenz ist nicht gemeint, dass man Mieze bei jedem zweiten Ausflug auf den Esstisch erst mal an allen Lebensmitteln schnuppern lässt und sie dann vorsichtig auf den Boden setzt, hinter den Ohren krault und vielleicht noch liebevoll auf ihr Fehlverhalten aufmerksam macht. Konsequenz heißt, dass jedem Sprung auf den Tisch ein scharfes »Runter da!« folgt. Alles andere artet auf Dauer in einem Katz-und Mensch-Spiel aus, das der Zweibeiner nach vertaner Chance nur noch schwer für sich entscheiden kann. Gibt man am Anfang zu sehr nach, heißt es ganz schnell: Sind die Menschen aus dem Haus (oder auch nur im Nebenraum), tanzt die Katze auf dem Tisch. Und wer jetzt denkt, er sei ja sonst immer so konsequent, da könne er diesmal, nur dieses eine Mal, doch eine kleine Ausnahme machen, der wird mit den Konsequenzen seiner Nicht-Konsequenz leben müssen. Denn jede noch so kleine Ausnahme ist für die Katze gleichbedeutend mit der sofortigen und allumfassenden Aufhebung des Verbots. Und das wiederum merkt sich erstaunlicherweise auch die ansonsten begriffsstutzigste Samtpfote sofort. ✖

DAS RICHTIGE TIMING

Schimpfen ja oder nein? Die Frage ist doch eher, wann es sinnvoll ist, Mieze zu ermahnen und wann nicht.

Da liegt sie auf dem Sofa, als könnte sie kein Wässerchen trüben. Aber die Spurensicherung sagt etwas völlig anderes. Alle Indizien sprechen für einen Täter auf vier Pfoten, denn die Beweislast ist erdrückend: die umgekippte Vase, die zerbrochene Dekoration … Auf dem Esstisch liegen alle Teile für ein 3D-Puzzle »Ehemalige Tischdeko«. Erhöhter Schwierigkeitsgrad. Und auch wenn, wer die vorangegangenen Seiten gelesen hat, man es eigentlich besser wissen müsste, so sagt einem die erste Intuition bei diesem Anblick doch: Strafe muss sein! Sogleich lässt ein Schwall mahnender und deutlicher Worte die Katze aus ihrem Schönheitsschlaf aufschrecken. Anschließend gibt es sogar noch einen zarten Klaps auf den Allerwertesten. Verbunden mit strengem Blick und dem Fingerzeig in Richtung Tatort. Falsch, ganz falsch. Denn eine Katze lebt im Hier und Jetzt. Und deshalb bezieht sie unsere Handlung immer auf die aktuelle Situation. Und just in diesem Moment lag sie seelenruhig auf der Couch und schlief den Schlaf der Gerechten. Sie wird sich also fragen, was sie soeben falsch gemacht hat. Hätte sie hier nicht schlafen sollen? Liegt es an der Couch? Aber gestern war das doch noch alles erlaubt, man hat sich sogar dazugesetzt und sie liebevoll zwischen den Ohren gekrault. Was ist los? Was lernt man daraus? Eine Standpauke darf es immer nur dann geben, wenn man den Missetäter in flagranti erwischt. Dasselbe gilt für Lob und Belohnungen: Sie sind ebenfalls nur sinnvoll, wenn sie im richtigen Moment verteilt werden. Nur dann kann die Katze etwas lernen. ✖

GEMEINSAM EINSAM

Die Haustüre öffnet sich, endlich sind die Menschen wieder da. Unbändige Wiedersehensfreude, pure Glückseligkeit! Dabei war man weder wochenlang auf Kur noch ein halbes Jahr am Nordpol, sondern nur mal eben beim Einkaufen. Schön, wenn Katze so enthusiastisch sein kann. Den ganzen Tag sollte man sie trotzdem nicht regelmäßig allein lassen. Das schlägt ihr auf Psyche und Gemüt und kann sich nicht zuletzt in Kratzspuren an Sessel, Tapete und Vorhängen manifestieren. Eine Zweitkatze oder Betreuungsperson können in schwerwiegenden Fällen für Abhilfe und vor allem Ablenkung sorgen. ✖

ROLLE, HINLEGEN, PFOTE GEBEN ODER HIGH FIVE: Mit Katzen kann man viele kleine Tricks einüben.

WENN GAR NICHTS HILFT: Schnipsen Sie Ihrer Katze Leckerlis entgegenn und sagen Sie, dass Sie die Reflexe eines Eishockey-Torwarts trainiert haben.

GEDULD BEWAHREN: Es ist noch kein Katzen-meister vom Himmel gefallen.

SCHRITT FÜR SCHRITT: Am Anfang darf Mieze bereits beim kleinsten Ansatz des gewünschten Verhaltens ge-klickert und belohnt werden.

HIGH FIVE

Ein Kunststück beherrschen nahezu alle Katzen von Geburt an: Sie können scheinbar immer und überall schlafen. Alles andere kann man ihnen beibringen. Na ja, fast alles.

Endlich. Die Spieler kommen aus der Kabine, klatschen die Balljungen ab und laufen aufs Spielfeld. »Nicht schon wieder Fußball!« Der zweibeinige Mitbewohner spricht aus, was der vierbeinige denkt, und beide verlassen genervt das Wohnzimmer. Aber dieses Abklatschen, die High Five: Ob sich das nicht auch der Katze beibringen ließe? Aber klar doch! Wie immer wenn es ums Lernen geht, sollten jedoch der Spaß und die Freude im Vordergrund stehen. Was in Katzensprache übersetzt bedeutet: Leckerlis, Leckerlis, Streicheleinheiten und noch mal Leckerlis.

Am besten nimmt man einen Klicker und Miezes Lieblingssnack zur Hand und beginnt mit dem Training. Gegenübersetzen, ein bisschen miteinander herumtollen und spielen – und sobald die Katze eine Pfote etwas anhebt, wird geklickert. Und ein Leckerli gibt's gratis obendrauf. Was? Eine Belohnung nur fürs Pfote hochheben? Auf jeden Fall, denn die Wirkung ist trotz möglicher Zweifel enorm: Die Katze wird nach einigen Anläufen das Prozedere bereitwillig wiederholen – immer wenn sie die Pfote ein Stückchen höher nimmt, wird geklickert, und es gibt erneut ein Leckerli. So arbeitet man sich langsam voran, bis die Katze-Mensch-High-Five richtig gut sitzt. Wen interessiert jetzt noch ein schnödes Fußballspiel? Hinlegen oder eine Rolle machen übt man übrigens genauso. ✖

ALTBEKANNT: Auch wenn sie nicht mehr so schön sind, sollten die alte Kuscheldecke, das Katzenbett oder der Kratzbaum mit ins neue Zuhause ziehen.

ABENTEUER STATT STRESS: Ohne Hektik sind Umzugskartons nichts Negatives, sondern werden zu Burgen, Höhlen und super Verstecken.

RUHERAUM: Während die Möbelpacker ein und aus gehen, bleibt die Katze zusammen mit ihren wichtigsten Gegenständen ganz gemütlich im Bad.

SCHRITT FÜR SCHRITT: Im neuen Domizil muss Mieze zunächst in einem Raum bleiben – bis sie diesen gründlich kennengelernt und als ihr Zuhause akzeptiert hat. Erst dann geht die Tür zum zweiten Zimmer auf. Und immer so weiter …

UMZUG MIT KATZE

Wer Stress und Hektik vermeidet, macht den Umzug für seinen Mitbewohner zum echten Abenteuer, während er selbst sich einem ganz neuen Spiel widmen kann: Wo ist die Katze?

Was für ein Paradies: Überall finden sich plötzlich Burgen, Höhlen und neue Verstecke. Die Wohnung ist ein einziger riesiger Abenteuerspielplatz. Mal ehrlich: Wer braucht schon Kratzbäume und Fellmäuse, wenn in jedem Raum halb gepackte Umzugskartons herumstehen, deren Inhalt es zu erkunden gilt? Das ist ja so was von spannend!

Wer beim Umzug frühzeitig mit dem Einpacken beginnt, ist klar im Vorteil. Diese Regel gilt für Katzenbesitzer sogar noch ein bisschen mehr, schließlich will jeder Mitbewohner von Anfang an in die Vorbereitungen miteinbezogen werden. An erster Stelle steht dabei natürlich der vierbeinige Chef des Hauses. Ob Kartons, Kisten, leere Schränke oder offene Schubladen:

In solch turbulenten Zeiten, das weiß auch die Katze, dürfen die sonst geltenden Grenzen ruhig etwas großzügiger ausgelegt werden. Und solange es irgendwo in der Wohnung noch einen ruhigen Ort gibt, an den man sich zurückziehen kann, ist die Katze zufrieden und wird sich immer wieder mit Begeisterung in den Umzugstumult stürzen. Und wenn es eine Sache gibt, die noch toller ist als Kartons, dann sind das Kartons randvoll gefüllt mit Verpackungsmaterial. Aufs freudige Hineinkriechen folgt begeistertes Herausscharren der Styroporteilchen – alles möglichst schnell, bevor der zusehens genervte Zweibeiner die Dinger wieder zurück in den Karton wirft. Manche Katze legt bei alldem einen derartigen Enthusiasmus an den Tag, dass man fast schon meinen könnte, ein Mensch-Katze-Verpackungsmaterial-Perpetuum-Mobile erschaffen zu haben. Einen nicht enden wollenden Kreislauf aus Aus- und wieder Einräumen.

Ist der große Tag dann endlich gekommen, gilt das alte Sprichwort: Wiedersehen macht Freude. Deswegen sollten die wichtigsten Katzenutensilien natürlich mit in die neuen vier Wände umziehen dürfen. Das gilt für die uralte Katzenkuscheldecke genauso wie für den Kratzbaum – auch wenn der seine besten Zeiten schon lang hinter sich hat. Egal. Jetzt geht es nicht um Optik und Design, sondern ums Wohlfühlen. Und altbekannte Gegenstände sorgen dafür, dass sich der Vierbeiner im neuen Zuhause leichter und schneller heimisch fühlt. In ein paar Wochen können Sie die Sachen immer noch gegen etwas Neues austauschen. Bis dahin hat die Katze genug andere Dinge markiert, um zu wissen: hier bin ich daheim.

Abschließend noch ein kleiner Praxistipp für einen gelungenen Umzug: Ein Karton sollte niemals mit Klebeband verschlossen werden, bevor er nicht gründlichst auf seinen Inhalt geprüft wurde. ✖

SPIEL MIR DAS LIED VOM TOD

Katzen haben Mäuse zum Fressen gern. Wie es sich für echte Herrschaften gehört, kommt vor der Mahlzeit jedoch erst einmal die Unterhaltung.

Es war mal eine Terrasse. Romantisch. Mit ihren blumenumrankten Palisaden. Gemütlich. Mit einem kleinen Tisch und dazu passenden Stühlen. Praktisch. Mit Grill und Sonnenschirm, der an so manchem lauen Sommerabend auch vor kurzen Regenschauern schützte. Jetzt ist diese Terrasse ein Schlachtfeld. Ein Ort des Grauens. Irgendetwas wird durch die Luft geschleudert, gejagt, gepackt, wieder freigelassen, erneut gejagt, noch mal gepackt … Das süße, kleine Kätzchen, das vor wenigen Minuten noch unschuldig auf dem Küchenstuhl schlummerte, hat sich im Garten eine Maus gefangen und veranstaltet nun im wahrsten Sinne des Wortes ein Katz-und-Maus-Spiel.

Ja, es gibt da etwas, über das wenig gesprochen und noch weniger geschrieben wird: Katzen haben den Trieb, mit ihrer Beute zu spielen. Im Gegensatz zu den meisten anderen Tieren, die das, was sie fangen, sofort erlegen und fressen, verbringt Mieze gern noch mehrere Minuten mit dem lebenden Opfer. Mit Bösartigkeit oder gar Spaß hat das jedoch nichts zu tun. Man nimmt vielmehr an, dass Katzen dadurch ihre Jagdfähigkeiten immer noch weiter trainieren. Eine andere Theorie besagt, dass gerade Katzen, die regelmäßig und ausgiebig gefüttert werden, ohne etwas dafür tun zu müssen, dieses Verhalten besonders oft an den Tag legen. Schuld daran ist ihr natürlicher Jagdtrieb. Er will ausgelebt und befriedigt werden. Also nutzt die Katze ihre Energie, um das Mäuschen wieder und wieder zu fangen. Quasi aus Mangel an sonstigen Gelegenheiten.

Was für uns Menschen nach Willkür und Grausamkeit aussieht, ist in Wahrheit also ein Instinkt, der den Katzen in der Wildnis das Überleben sichert. Es ist ein bisschen so wie beim Fußball, wo ein guter Stürmer immer zweierlei braucht: einen untrüglichen Torinstinkt und die richtige Technik.

Den vierbeinigen Mitbewohner in einem Krisengespräch unter vier Augen von seinem – aus menschlicher Sicht – Fehlverhalten überzeugen zu wollen, dürfte wenig erfolgversprechend sein. Egal wie plausibel und ethisch man dabei auch argumentiert. Deutlich aussichtsreicher ist es, den kätzischen Jagdinstinkt einfach ins Positive umzukehren. Kann ihn die Katze nämlich auf spielerische Art mit ihrem Zweibeiner im Wohnzimmer ausleben (siehe Seite 76 und 77), wird auch die Terrasse wieder zu jenem romantischen und gemütlichen Ort, der sie einst war. ✖

WOLLMÄUSE: Sie sind leichte und unverletzbare Beute und simpel in der Herstellung. Man muss einfach nur mal den Staubsauger im Schrank lassen.

KORKEN: Guter Grund für ein Glas Rotwein am Abend. Denn die Stöpsel lassen sich exzellent mit den Krallen durch die Wohnung schleudern.

INTELLIGENZSPIELE: Trainieren das Gehirn und den Magen. Denn als Belohnung bieten sie Leckerlis an.

FEDERWEDEL: Setzt voll auf den Jagdinstinkt. Allerdings wird dafür aktive menschliche Beteiligung benötigt.

SISALSPIELBÄLLE: Krallenpflege und Spielzeug in einem. Aber Vorsicht! Sie werden gerne als Stolperfallen in der Wohnung verteilt.

VORSICHT, JAGENDE KATZE

Spiel, Spaß und Bewegung. Alles auf einmal. Was will man mehr? Beim Irgendetwas-Hinterherjagen sind Katzen voll in ihrem Element.

Aufziehmäuse, Wollknäuel, Bälle und Kugeln in allen erdenklichen Größen und Farben bevölkern den Wohnzimmerboden. Ein Katzenparadies, könnte man meinen. Doch weit gefehlt. Ihre Hoheit langweilt sich. Soll doch der zweibeinige Hofnarr für Unterhaltung sorgen. Der tut, wie ihm geheißen, und zaubert aus dem Schrank das erst gestern neu erworbene Spielzeug hervor: Ein Stab mit einer Schnur, an deren Ende eine rote Feder befestigt ist. Toll! Beute! Der Jagdinstinkt setzt ein. Die Katze flitzt dem fedrigen Etwas voller Begeisterung hinterher – ganze drei Minuten lang. Das genügt erst einmal.

Und schon macht sich die Langeweile wieder breit. Unvorstellbar, dass man sich gerade eben noch gnädigst erbarmt, ja geradezu herabgelassen hat, diesem rot gefiederten Etwas hinterherzujagen. Vorbei! Jetzt wird das Ding keines Blickes mehr gewürdigt. Alle Versuche des Menschen, sie noch einmal zum Spielen zu animieren, bleiben erfolglos. Selbst die noch so irrwitzigsten. Die Katze sitzt da wie versteinert, ohne eine Miene zu verziehen.

Nur wenige Minuten später dringt das Geräusch von über den Boden schlitternden Katzenpfoten aus dem Arbeitszimmer. Man hat ein neues Spielzeug gefunden. Mit vollem Einsatz jagt die Katze ihm hinterher, fängt es, treibt es mit den Pfoten vor sich her. Das beste Spielzeug aller Zeiten, so scheint es, sind: Wollmäuse. ✖

MAL SCHNELL WAS BASTELN

Do it yourself liegt voll im Trend, egal ob eigenes Kräuterbeet, selbst gehäkelte Mütze oder aus Beton gegossene Designerlampe. Warum also nicht auch mal das Katzenspielzeug selbst basteln? Nichts einfacher als das. Hier kommen drei Anleitungen zum Selbermachen. Aber Vorsicht: Bietet die Katze ihre Mithilfe an, ist dies meist nur eine psychologische Finte, um bereits im Entstehungsprozess des zukünftigen Spielgeräts ein paar nette Einzelteile abzugreifen, durch die Wohnung zu jagen und schlussendlich sorgsam unter den Schränken zu verräumen. Auf Nimmerwiedersehen. ✖

SCHAUKEL UND HÄNGEMATTE

Wer sagt eigentlich, dass Schaukeln nur auf Kinderspielplätzen ihre Berechtigung haben – neben Wippen, Rutschen und Kletternetzen? Wenn Sie sich schon nicht den eigenen Traum von einer Hängematte unter Palmen oder einer Hollywoodschaukel mit Seeblick im Garten erfüllen können, sollten Sie Ähnliches wenigstens für Ihre Katze wahr werden lassen. Geht auch ganz einfach: Befestigen Sie zwei robuste, gleichlange Klettertaue am Kratzbaum oder an der Decke, und bringen Sie an den herabhängenden Enden ein Holzbrett oder ein Stück sehr festen Stoff beziehungsweise Leder als Sitz- oder Liegefläche an. Sie können sicher sein, dass das der Renner – Entschuldigung, Schaukler – wird. Und den Geldbeutel deutlich weniger strapaziert als ein Grundstück am See oder Urlaub in der Karibik.

FUMMELBRETT

Klingt komisch? Heißt aber so! Und beschäftigt die Katze, weil es Spiel und Beutefang in einem ist. Wer seiner Katze bei den ersten, vielleicht noch unbeholfenen, Versuchen zuschaut, weiß dann auch, woher das Ding seinen Namen hat. Vom Herumfummeln mit der Tatze in einem Mauseloch, natürlich. Im Tierfachhandel und im Internet gibt es solche Fummelbretter in den unterschiedlichsten Ausführungen. Man kann aber auch selbst kreativ werden, das Material dazu findet sich in jedem Haushalt: Sie brauchen nur einen Karton und ein paar leere Joghurtbecher. In den Deckel der Pappbox schneiden Sie Löcher und kleben dann von innen die Joghurtbecher dagegen. Jetzt müssen Sie nur noch kleine Snacks in die Becher füllen und die Öffnungen mit zerknülltem Zeitungspapier abdecken. Beschäftigungstherapie mit leckerer Belohnung!

RASCHELKISTE

Warum einen leeren Karton gleich wegwerfen? Gefüllt mit lauter kleinen Papier-Knüllbällchen aus der alten Zeitung, wird er ein lustiges Katzenversteck zum Rascheln, Graben, Umwerfen und Leerscharren. Im Herbst kann auch trockenes Laub die Papierbällchen ersetzen. Natürlich könnten ein paar versehentlich im Karton »vergessene« Leckerlis den Anreiz zu wühlen noch erhöhen. Doch wer will sich schon nachsagen lassen, dass seine Katze nur mit kulinarischer Unterstützung für das selbst gebaute Spielzeug empfänglich ist? Das wäre ja fast so, als würde man eine gewisse Boulevardzeitung nur wegen des guten Sportteils kaufen. Apropos Sport: Da dieser bekanntlich müde macht, sollte man sich nicht wundern, eine Schlafkatze in der Raschelkiste vorzufinden. ✖

CATS GOT TALENT

Stolze Katzenbesitzer unter sich: »Meine ist so eine Kluge. Was die sich immer einfallen lässt.« »Und meine erst. Wo die überall herumklettert. Wie ein Hochseilartist.« Ja, Stolz und Prahlerei liegen manchmal nah beieinander. Doch es stimmt schon: Katzen haben unterschiedliche Talente, und die gilt es im Spiel zu fördern. Entdecker wollen, dass man ihnen ständig neue Höhlen baut, Denker lieben Intelligenzspiele, und Akrobaten freuen sich über Kletterseile. Und dann gibt es da ja noch jene Katzen mit dieser »besonderen« Begabung: Sie testen jedwede Örtlichkeit mit Hingabe auf ihre Schlaftauglichkeit. ✖

SPIEL DICH SCHLANK

Schwerer Knochenbau? Reste vom Winterspeck? Voluminöses, leider aber gerade äußerst unvorteilhaft verstrubbeltes Fell? Welche Begründung wird man den vorwurfsvollen Blicken der Schwiegermutter wohl diesmal entgegensetzen, während sie kritisch das etwas zu rund geratene Fellknäuel beäugt?

Die Wahrheit ist: Sobald der vierbeinige Mitbewohner langsam aber sicher zur Couchpotato mutiert und aus dem einst agilen Stubentiger ein immer bequemerer Stubenhocker wird, helfen nur drei Dinge. Bewegung, Bewegung und noch mal Bewegung. Allerdings beschränkt sich Miezes sportliche Aktivität trotz vielerlei Animationsversuchen oftmals darauf, sich gemütlich von der rechten Seite auf die linke zu drehen – und irgendwann wieder zurück. Und mal ganz ehrlich: Selbst das erinnert eher an ein seehundartiges Herumrollen als an Körperakrobatik. Von der vielbeschworenen Samtpfotengrazie keine Spur.

Aber wie bringt man die Katze denn nun auf Touren? Auch wenn es auf den ersten Satz wie ein Widerspruch klingt: Der Schlüssel zum Erfolg sind Leckerlis. Denn wenn überhaupt irgendetwas stärker ausgeprägt ist als die Freude am Schlafen, dann ist es die Liebe zur Nahrungsaufnahme. Vor allem Wohnungskatzen lassen sich mit diversem Spielzeug, das zuvor mit schmackhaften Häppchen gefüllt wurde, gut zu mehr Bewegung animieren. Bälle mit kleinen Öffnungen, durch die ab und an ein Leckerli herausfällt, sind wahrhaftige Trainingswundermaschinen. Und weil der beste Spielpartner noch immer der Mensch ist, dürfen auch Sie ruhig mit durch die Wohnung toben. Nur zu! Bewegung tut nicht nur der Katze gut. ✖

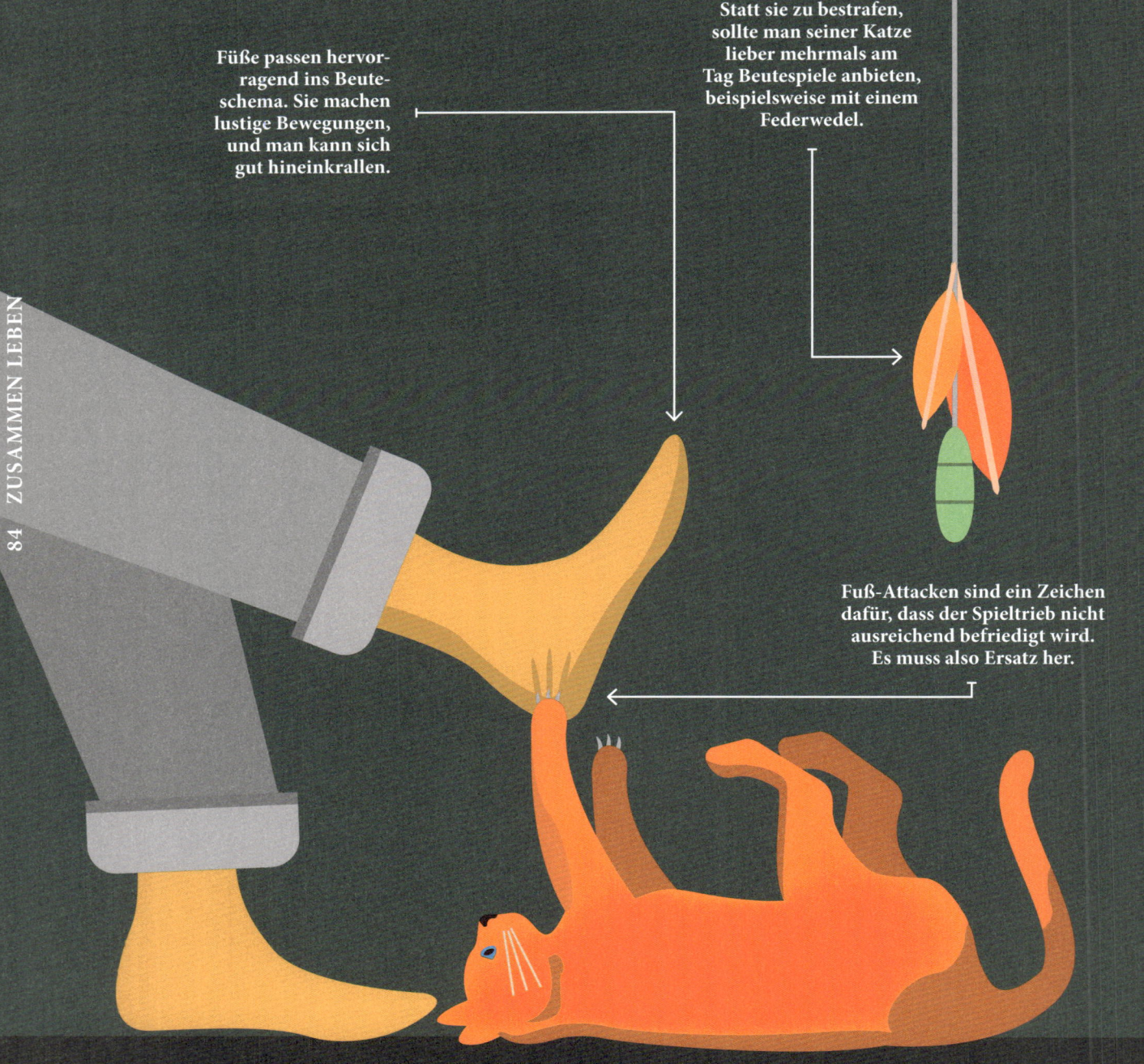

Füße passen hervorragend ins Beuteschema. Sie machen lustige Bewegungen, und man kann sich gut hineinkrallen.

Statt sie zu bestrafen, sollte man seiner Katze lieber mehrmals am Tag Beutespiele anbieten, beispielsweise mit einem Federwedel.

Fuß-Attacken sind ein Zeichen dafür, dass der Spieltrieb nicht ausreichend befriedigt wird. Es muss also Ersatz her.

FANG DEN FUSS

Da sitzt man gerade entspannt am Frühstückstisch, wippt lässig mit den Füßen zum aktuellen Lieblingssong, nippt am Kaffee … »Aua! Lass meinen Fuß los!« Mit dem entsetzten Schrei schwappt eine ordentliche Portion Kaffee über. Der Angreifer unterm Tisch bringt sich erst mal in Sicherheit und setzt sein Unschuldsgesicht auf. Dieses Etwas in weißen Tennissocken wehrt sich ja heftiger als jede Maus. Macht aber nichts, schließlich zappelt direkt daneben noch so ein Prachtexemplar. Und während man sich selbst Kaffee nachschenkt, bringt sich die Katze für Runde zwei in Stellung. ✖

PAUSE GEFÄLLIG?

Auch Spielen will durchdacht sein, damit alle Freude daran haben und nicht nur aufgekratzt durch die Wohnung zappeln.

Es ist ein moderner Mehrkampf, der einer Katzenolympiade würdig wäre: Erst ein Sprint durch den Flur, dann ein Hürdenlauf über die Blumentöpfe auf der Fensterbank, gefolgt von einer Klettereinlage am Vorhang, Trocken-Snowboarden auf dem Läufer und einem Weitsprung vom Lesesessel auf den Couchtisch. Als Paradedisziplin steht dann noch die Verfolgungsjagd der Menschenfüße auf dem Programm. Und nun: Sprint auf der Zielgeraden. Die Menge johlt und tobt. Ob aus purer Begeisterung für diese sportliche Höchstleistung oder aus Ärger über die beiden zerstörten Vasen? Ach was, das sind doch nur Kollateralschäden. Wer denkt an Materielles, wenn er einem pelzigen Profisportler beim Training zuschauen kann? Dabei vergisst man nur zu leicht, dass auch Ruhepausen wichtig sind, um Hochleistungen zu erbringen. Und dass das nicht nur für Menschen, sondern auch für Katzen gilt. Gerade hypererregte und über die Maßen aktive Exemplare sollten beim Herumtoben eher gebremst als noch zusätzlich angestachelt werden. Dazu empfiehlt es sich, das gemeinsame Spiel in drei Phasen zu unterteilen. Es käme ja auch kein Sportler auf die Idee, ohne ein ordentliches Warm-up in den Wettbewerb zu starten. Genauso wenig wie ihn irgendwann einfach abrupt zu beenden. Von null auf hundert und mit einer Vollbremsung wieder zurück, tut einfach keinem gut. ✖

WARM-UP: Die Katze schenkt ihrem menschlichen Sparringspartner alle Aufmerksamkeit. Langsam loslegen und die »Beute« an einer Schnur ziehen, damit Mieze folgen kann.

KATZEN-OLYMPIADE: Jetzt darf es ordentlich zur Sache gehen. Kurze Sprints und akrobatische Einlagen sollten aber immer wieder von kurzen Ruhemomenten unterbrochen werden.

COOL-DOWN: In der dritten Phase wird es wieder ruhiger. Wie wäre es beispielsweise mit einem Futtersuchspiel oder einer Runde Bürsten?

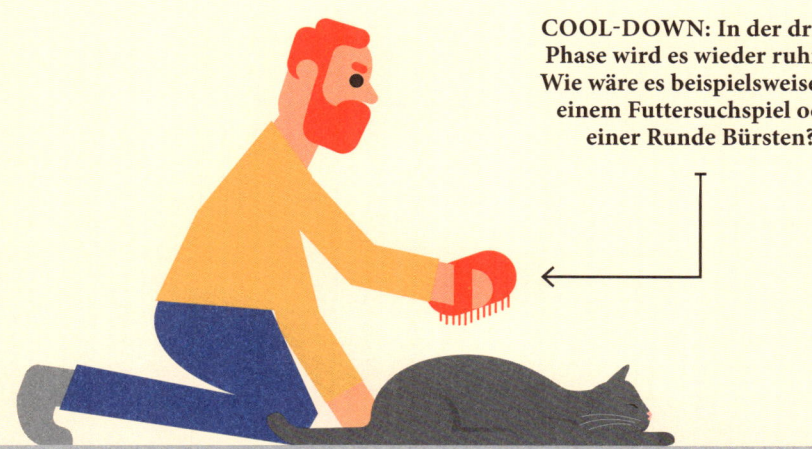

WIE FÜTTERT MAN EINEN GOURMET?

Heute Kaninchen, morgen Pute und am Wochenende dann Kalb: Ein bisschen Abwechslung ist in Ordnung, aber übertreiben muss man es auch nicht.

Zaghafte Schritte in Richtung Futterschüssel. Überraschend langsame Annäherung, ein vorsichtiges Schnuppern, eine mikroskopisch kleine Kostprobe, ein ganz kurzes Schmatzen und dann: ein Gesichtsausdruck irgendwo zwischen angewidert und schwerstens beleidigt. Die Katze wendet sich entrüstet ab, wirft dem zweibeinigen Dienstpersonal einen vernichtenden Blick zu und stolziert erhobenen Hauptes aus der Küche. Natürlich nicht ohne ein vorwurfsvolles Maunzen. Schnödes Dosenfutter? Pah! Die einzige Chance, das neue Futter schmackhaft zu machen: mindestens fünf frische Garnelen. Ersatzweise akzeptiert man vielleicht auch acht Nordsee-Krabben.

Zwar ist nicht jede Katze derart wählerisch und was die eine mit Missachtung straft, mundet der anderen ganz vorzüglich. Manches gilt jedoch generell. Zum Beispiel, dass in freier Wildbahn noch nie eine vegetarische Katze beobachtet wurde, genauso wenig wie eine, die sich ausschließlich von Luft und Liebe ernährt. Tierisches Protein gehört zur gesunden Ernährung dazu wie das Schnurren zum hingebungsvollen Kraulen.

Was Katzen in puncto Kulinarik noch von uns unterscheidet: Sie schmecken zwar Salziges, Saures und Bitteres, für das Süße aber fehlt ihrer Zunge das Geschmacksempfinden. Zucker in Katzenfutter ist deshalb absolut unnötig und wird ohnehin meist nur deshalb beigemengt, damit der Doseninhalt für uns appetitlicher wirkt. Apropos appetitlich: »Brocken« klingen ja alles andere als das. Tatsächlich aber sind Stückchen den meisten Katzen lieber als reiner Brei. Gerne darf das Fressen zudem etwas mehr als Zimmertemperatur haben. Eine Maus mundet schließlich auch körperwarm. Zu kaltes Futter ist zwar nicht unbekömmlich, wird aber konsequent ignoriert – genau wie solches, das schon etwas länger steht. Katzen haben eben ihre eigenen Vorstellungen von gutem Essen. Und daher muss man ihren Kopf nicht noch zusätzlich mit Flausen füllen, indem es jeden Tag ein anderes Futter oder eine andere Marke gibt. Aus Furcht, die Samtpfote könnte sich auf ein ganz bestimmtes Futter versteifen, riskiert man schnell, dass sie keine Sorte zweimal anrührt. Sind die Inhaltsstoffe ausgewogen, ist die Abwechslung bestenfalls zweitrangig. Und nebenbei: Lassen Sie keinesfalls Ihre Katze das Lieblingsfutter aussuchen. Sonst stehen am Ende noch Eis, Chips oder gar Popcorn auf dem Speiseplan. ✖

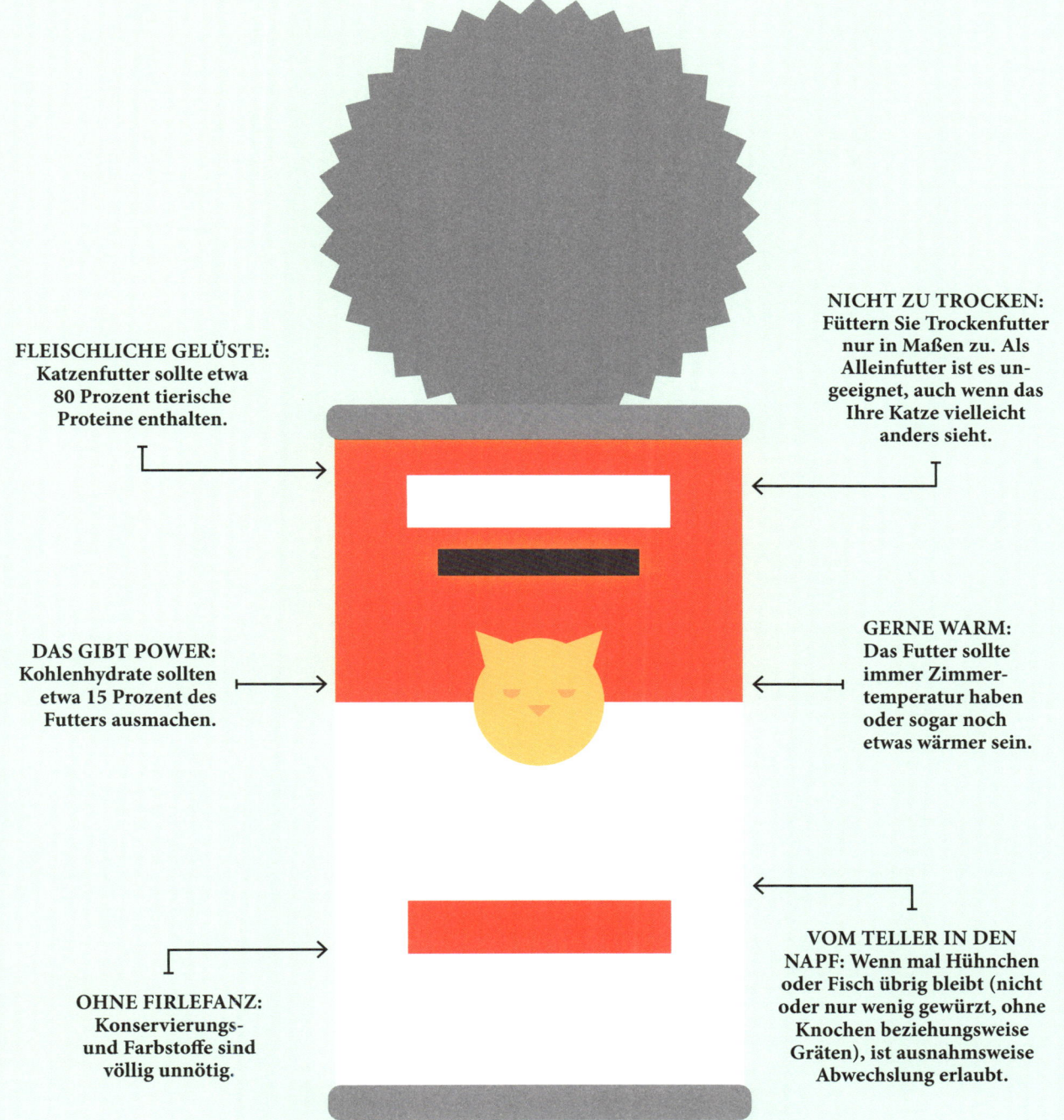

FLEISCHLICHE GELÜSTE:
Katzenfutter sollte etwa
80 Prozent tierische
Proteine enthalten.

NICHT ZU TROCKEN:
Füttern Sie Trockenfutter
nur in Maßen zu. Als
Alleinfutter ist es un-
geeignet, auch wenn das
Ihre Katze vielleicht
anders sieht.

DAS GIBT POWER:
Kohlenhydrate sollten
etwa 15 Prozent des
Futters ausmachen.

GERNE WARM:
Das Futter sollte
immer Zimmer-
temperatur haben
oder sogar noch
etwas wärmer sein.

OHNE FIRLEFANZ:
Konservierungs-
und Farbstoffe sind
völlig unnötig.

**VOM TELLER IN DEN
NAPF:** Wenn mal Hühnchen
oder Fisch übrig bleibt (nicht
oder nur wenig gewürzt, ohne
Knochen beziehungsweise
Gräten), ist ausnahmsweise
Abwechslung erlaubt.

Je 30 kcal

TAGESBEDARF:
300 bis 350 kcal

Die bequeme
Alternative

LUST AUF EINEN BIO-SNACK?

Was den Nährstoffgehalt angeht, ist so ein frisch erlegtes Mäuschen kaum zu toppen. Wenn nur die Portionen nicht immer so winzig wären.

Freilandhaltung, ohne Gentechnik, aus biologischer und ökologischer Sicht absolut unbedenklich und noch dazu reich an vielen wichtigen Vitaminen und Nährstoffen: Mäuse sind für Katzen die perfekte Mahlzeit. Klingt komisch? Ist aber so. Nicht ohne Grund macht Mieze in der Natur auf nichts so gerne Jagd wie auf die kleinen Nagetiere. Eine Maus bedeutet Spiel, Spaß und gute Ernährung. Alles in einem. Und dazu kommt noch die Freude über die erfolgreiche Jagd. Wenn es selbst verdient ist, schmeckt das Essen eben noch mal so gut.

Vitamin A, Taurin, tierische Proteine, dazu Ballaststoffe durch das Fell und diverse Mineralstoffe und Vitamine, die sich in den pflanzlichen Anteilen im Magen der Beute befinden: Aus Katzensicht ist eine Maus ein überaus ausgewogenes Nahrungsmittel. Doch wollten sie sich ausschließlich von den Nagern ernähren, müssten sie schon sehr fleißig und mit einem guten Jagdinstinkt ausgestattet sein. Schließlich hat eine Maus gerade mal einen Nährwert von etwa 30 Kilokalorien. Wohingegen Katzen im Durchschnitt einen Energiebedarf von 300 bis 350 Kilokalorien pro Tag haben. Zehn Mäuschen wären also das absolute Minimum. Da ist es dann doch deutlich bequemer, seinem menschlichen Mitbewohner schmeichelnd um die Beine zu schleichen und sich fordernden Blicks vor den leeren Futternapf zu setzen. Ist der Mensch gut erzogen, kann man sich umgehend den Bauch vollschlagen. Und sich die Maus als Bio-Snack für zwischendurch aufheben. ✖

VON KATZEN UND VÖGELN

Oft ist es schöner, andere zu beschenken, als selbst Geschenke auszupacken. Dies eingedenk sitzt Mieze neben ihrem Präsent vor der Verandatür. Oder sollte man es besser Opfergabe nennen? Nachdem der Spatz letzte Woche offensichtlich nicht so gut ankam, probiert sie es heute mal mit einem Rotkehlchen. Rotten Katzen deswegen gleich die heimische Vogelwelt aus, wie allenthalben behauptet? Nein! Von einer kleinen Nordseeinsel abgesehen ist nicht bekannt, dass auch nur eine Vogelart durch sie ausgelöscht worden wäre. Die Natur kann Verluste durch Raubtiere seit eh und je ausgleichen. ✖

VORSICHT GIFTIG!

Es gibt Dinge auf der Welt, die sind ebenso gefährlich wie verführerisch. Schokolade zum Beispiel, die schnell mal den Traum vom Beachbody ruiniert. Und für eine Katze hätte der Genuss unter Umständen sogar noch schwerwiegendere Folgen.

Oma Erna feiert ihren Achtzigsten. Neben den von ihr heiß geliebten Rumtrüffeln gibt es den obligatorischen Blumenstrauß, dieses Jahr mit Maiglöckchen. Und der kommt nicht nur bei Oma Erna gut an. Einem Gast fällt zwischen der Buttercreme- und der Prinzregententorte auf, dass man die Katze des Hauses überraschend lange weder gesehen noch gehört hat. Bewegung tut gut, deshalb dreht die kleine Geburtstagsgesellschaft gemeinsam eine Kontrollrunde durch die Wohnung. Sieh an: Dort auf dem Beistelltisch sitzt sie und angelt nach den Blümchen. Ein paar sind bereits angenagt, genau wie die Pralinenpackung, die den Zäh-

nen und Krallen jedoch scheinbar erheblichen Widerstand leisten konnte. Gut so, denn Alkohol ist für Katzen ebenso schädlich wie bestimmte Pflanzen. Und zu denen gehören definitiv auch Maiglöckchen. Wie gut, dass man gerade noch rechtzeitig eingreifen konnte.

So wenig Katzen ein Völlegefühl entwickeln, so wenig können sie bei der Nahrung gut von böse trennen. Im Zweifel wird alles einmal probiert und lediglich in abbeißbar und nicht abbeißbar unterschieden. Vorsicht ist vor allem auch deshalb geboten, weil auch Nahrungsmittel, die für den Menschen gesund sind, für den vierbeinigen Mitbewohner schädlich sein können, im Extremfall sogar tödlich. Wer beispielsweise morgens gern eine halbe Avocado löffelt, sollte keinesfalls auf die Idee kommen, auch das Katzenfutter damit aufzupeppen. Die Frucht enthält nämlich Persin – das ist für Menschen zwar ungefährlich, bei Katzen und Hunden jedoch kann es zu schweren Herzschäden füh-

ren. Und Oma Erna mag darauf schwören, dass Rumtrüffel sie bis heute jung halten. Ihrer Katze hätten sie mit Sicherheit große Probleme bereitet. Umso mehr, wenn auch noch Rosinen im Spiel gewesen wären. Trauben in frischer oder getrockneter Form sind für Katzen nämlich genauso giftig wie Schokolade und Alkohol. Rosinen können sogar zu Nierenversagen führen. Aber keine Panik, denn in der Regel gilt: Einmal ist keinmal. Man muss nicht gleich den Tierarzt aufsuchen, wenn der Vierbeiner nach der Geburtstagsfete unbemerkt das letzte Pfützchen Eierlikör aus dem Glas geschlabbert haben sollte. Vermutlich wird er danach einfach seinen Schwips ausschlafen – so wie das Knirpsschwein in Astrid Lindgrens Michel von Lönneberga. Vertrauen Sie aber besser nicht darauf, dass er damit seine Lektion gelernt hat, sondern stellen Sie in Zukunft alle für ihn giftigen Lebensmittel lieber von vornherein außer Reichweite. ✖

GIFTIG: Medikamente für Menschen, Spül- und Putzmittel, Mäuse- und Rattengift

GIFTIG: Tulpe, Alpenveilchen, Azalee, Hyazinthe, Weihnachtsstern, Maiglöckchen

GIFTIG: Schokolade, Alkohol, Avocado, Kaffee, Süßigkeiten, Trauben und Rosinen, Nüsse, rohe Kartoffeln, Steinobst wie Pflaumen und Pfirsich

GIFTIG: Tabak in Zigaretten und Zigarettenstummeln

WO BLEIBT MEIN ESSEN?

Genug muss es sein, schmecken soll es, das Wichtigste aber ist, dass das Futter pünktlich serviert wird. In dieser Beziehung verstehen Katzen keinen Spaß.

Pünktlich wie ein Schweizer Präzisionsuhrwerk. Bewundernswert! Auf die Minute genau steht der heimliche Herrscher des Hauses vor seiner Futterschale und veranstaltet einen Heidenlärm, der anscheinend noch den übernächsten Nachbarn auf die unsäglichen Missstände in diesem Haushalt aufmerksam machen soll. Schließlich ist es bereits Viertel nach neun, und der Napf ist immer noch leer.

In der freien Natur wird die Nahrung auf etwa zwölf kleine Mahlzeiten über den Tag verteilt. Das noch immer kläglich vor sich hin maunzende, hungrige Uhrwerk ist allerdings auch mit zwei größeren Portionen am Tag völlig zufrieden. Solange es davon satt wird. Und solange das Essen pünktlich serviert wird. Wobei man gerade junge Kätzchen im ersten halben Jahr gerne auch bis zu fünfmal am Tag füttern darf. Ihr Magen ist noch nicht so groß und verträgt kleine Portionen besser.

Wie wäre es, dem Vierbeiner als dezente Alternative zum vorwurfsvollen Maunzen gleich einen kleinen Ball mit eingebauter Schelle in die Nähe seiner Futterstelle zu legen? Den könnte er dann – sollte das pünktliche Anrichten der Mahlzeit wieder einmal sträflicherweise versäumt worden sein – verärgert durch die Gegend kullern. Das wäre dann die Katzen-Alternative zum Porzellanglöckchen, um nach der Dienerschaft zu läuten. ✖

MIT LIEBE SELBST GEKOCHT

Keine Frage: Dose auf und ab damit in den Napf ist extrem praktisch. Aber oft stecken in Fertigfutter auch jede Menge Zutaten, die es eigentlich nicht braucht.

Die Katze mag im Allgemeinen nicht sonderlich belesen sein, und so sieht man sie vermutlich selten mit einem Buch über gesunde Ernährung oder über die klassische Konditionierung nach Pawlow. Dennoch kann man in der Küche schnell den Eindruck gewinnen, sie wäre auf beiden Gebieten ein Profi. In kürzester Zeit hat sie begriffen, dass das Klappern von Töpfen und Schüsseln sowie das Quietschen beim Öffnen bestimmter Schranktüren bedeutet, dass es bald etwas zu futtern gibt. Ab da genügen leiseste Geräusche, um den Vierbeiner selbst aus einem dornröschenhaften, nahezu komatösen Zustand zu reißen. Miezes exzellente Ohren funktionieren eben auch im Tiefschlaf. Und ganz besonders dann, wenn es ums Futter geht. Uneigen-

nützig und natürlich lediglich zu Zwecken der Qualitätssicherung umschleicht die Katze dann die Füße des Kochs und bietet sich als Vorkoster an.

Keine Frage: Wer das Katzenfutter selbst herstellt, weiß genau, was drin ist. Andererseits gilt es auch einige grundlegende Dinge zu beachten, damit die Nahrung ausgewogen und die Katze zufrieden ist. Am besten hält man sich an vorgegebene Rezeptpläne, um Mangelerscheinungen vorzubeugen und die Katze ausreichend mit allen notwendigen Nährstoffen zu versorgen. Als Basis eignen sich dann insbesondere Rind und Geflügel. Ein bisschen Gemüse sollte natürlich ebenfalls enthalten sein. Stichwort: Vitamine und Mineralstoffe. Wer »barft«, also seine Katze mit rohem Fleisch und rohem Gemüse füttert, muss auf die ausreichende Versorgung mit Spurenelementen achten. Idealerweise mischt man dann Mineralstoffe in Form von Pasten oder Pulver bei.

Noch ein kleiner Tipp: Fangen Sie erst gar nicht an, jede Portion einzeln zu kochen. So ein paar Gramm Hühnchen im Topf muten einfach zu spärlich an. Und am Ende verbringen Sie mehr Zeit am Herd als irgendwo anders. Bereiten Sie lieber größere Mengen auf einmal zu, und frieren Sie diese dann portionsweise ein. Fürs Frühstück über Nacht, fürs Abendessen tagsüber im Kühlschrank auftauen lassen und – ganz wichtig – rechtzeitig herausnehmen, damit es bis zum Füttern Raumtemperatur hat.

Auf eins müssen sich allerdings alle Katzenfutterköche gefasst machen: Nicht selten kommt es vor, dass die gesamte Wohnung nach gekochtem Hühnchen mit Reis und Karotten duftet – und die Gesichter der Zweibeiner ganz schön lang werden, wenn man zum Abendessen lediglich auf die kalte Platte verweist, während der pelzige Herr des Hauses seine frisch zubereiteten Delikatessen serviert kriegt. Wohl bekommt's. ✘

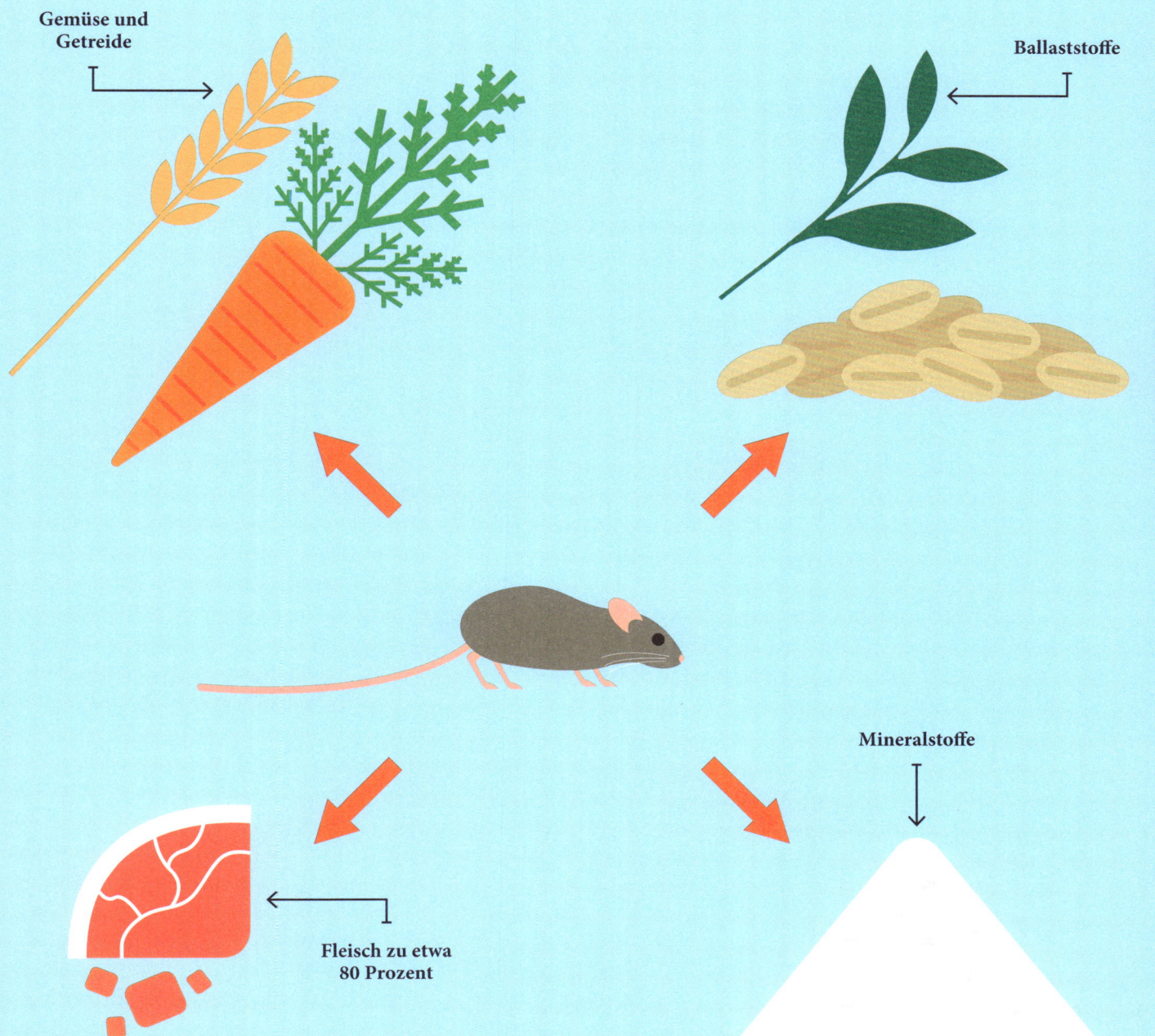

Gemüse und
Getreide

Ballaststoffe

Mineralstoffe

Fleisch zu etwa
80 Prozent

WEG MIT DEM SPECK!

Gewicht ist zwar relativ, und ein großer Kater wird immer mehr wiegen als eine zarte Kätzin. Ab und an einen kritischen Blick auf die Figur zu werfen, kann aber nicht schaden.

Spätestens wenn Ihnen die Luft wegbleibt, sobald sich Ihre Katze gemütlich auf Ihren Bauch legt, und sich beide Nachbardackel problemlos hinter ihr verstecken können, sollten Sie sich Gedanken ums Abnehmen machen. Denn Übergewicht ist für Katzen genauso ungesund wie für Menschen.

Wenn mehr Bewegung allein nicht mehr reicht, um die Pölsterchen zum Schmelzen zu bringen (siehe Seite 82), gibt es nur eine Lösung: Diätkost! Sie enthält weniger Fett und dafür mehr Ballaststoffe, macht also genauso satt, aber nicht so dick. Das klingt gut, findet aber nicht bei jedem Anklang. Und so beherrscht die Katze den angeekelten Gesichtsausdruck beim Beschnuppern des neuen Futters in höchster Perfektion. Wer ihr so etwas vorsetzt, hat in den nächsten vier Stunden das Recht, ihre Ohren kraulen zu dürfen, verwirkt. Man spielt beleidigte Leberwurst – und träumt von selbiger. Der Trick: Ersetzen Sie einen immer größeren Teil des normalen Futters durch Diätnahrung. So gewöhnt sich die Katze nach und nach an den Geschmack.

Wer jetzt denkt, man könnte doch auch einfach kleinere Portionen füttern, um die Kalorienzahl zu reduzieren, irrt. Die Katze würde so nicht satt. Und eine hungrige Katze ist eine unzufriedene Katze. Abgesehen davon, dass bei Freigängern diese Rechnung sowieso nicht aufgeht. Die holen sich ihr Futter dann nämlich einfach woanders. Zur Not mit großen Katzenaugen und Mitleid heischendem Maunzen bei der netten älteren Dame nebenan. ✖

Aus der Hand fressen! Mag das Futter gar nicht schmecken, versuchen Sie, die Katze aus der Hand zu füttern.

Weg mit dem Fett! Diätfutter enthält weniger Fett und mehr Ballaststoffe. Anders ist das neue Weniger. Statt der Katze kleinere Portionen zu füttern, ersetzt man nach und nach immer mehr normales Futter durch Diätfutter.

VON NÄPFEN UND ANDEREN TRINKSTÄTTEN

Bis eben hat die Katze geschaut, als könne sie kein Wässerchen trüben. Nun jedoch hat das Wasser sie betrübt. Und das, obwohl es wahrlich kein trübes Wasser war. Sondern eben frisch ins Schälchen gefüllt. Trotzdem: Einem kurzen Schnuppern folgte empörtes Abwenden. Zu viel Chlor? Wohl kaum, denn fünf Minuten später sitzt der Vierbeiner im Bad unter dem tropfenden Wasserhahn und schlabbert begeistert Tröpfchen für Tröpfchen. Eine Woche später hat sich sein Geschmack nochmals geändert: Jetzt trinkt er am liebsten das abgestandene Wasser aus der Gießkanne. Das verstehe, wer will. ✖

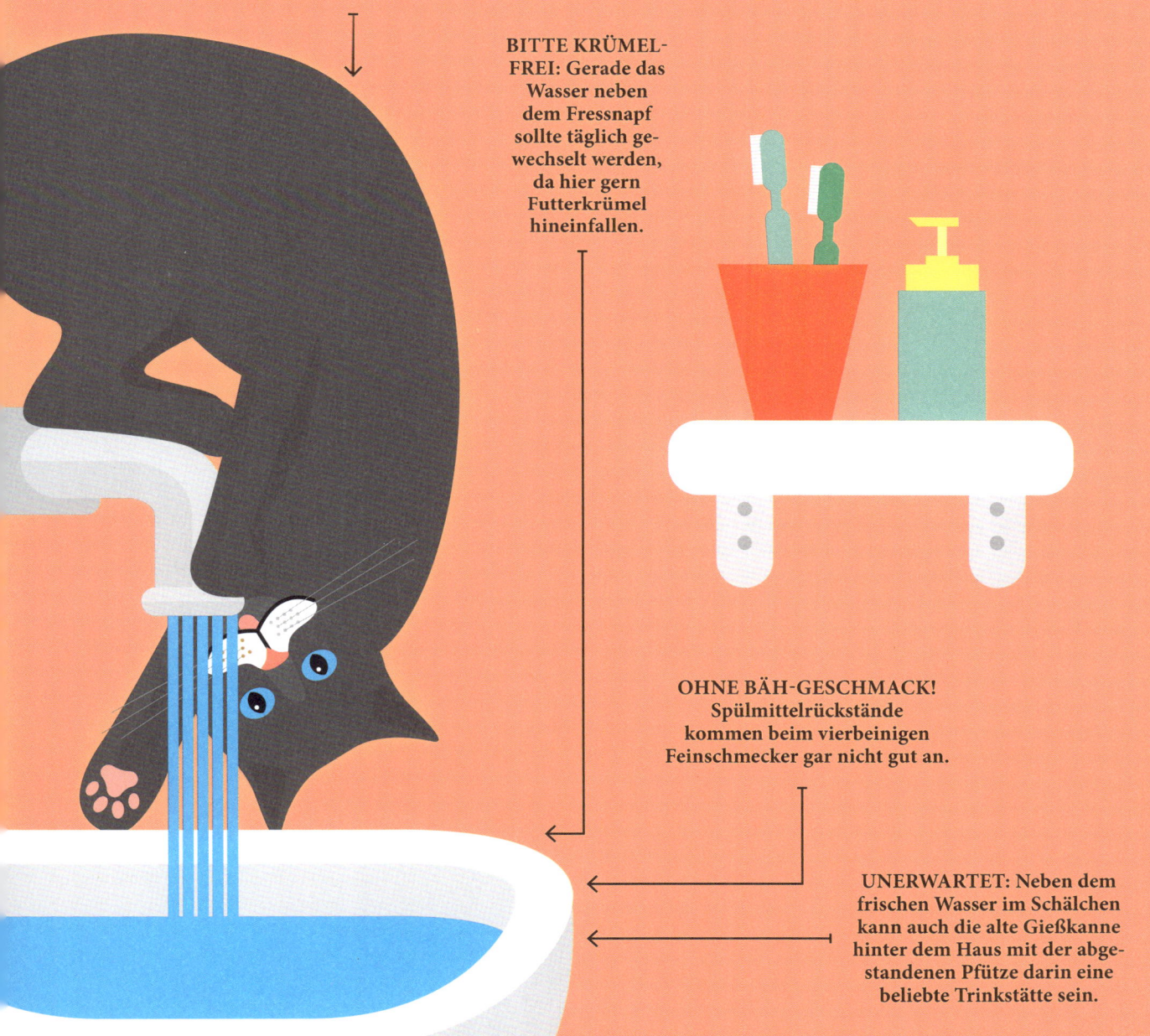

ALLZEIT BEREIT: Es sollte immer Wasser zur Verfügung stehen. Am besten gibt es ein Wasserschälchen neben dem Futter und noch ein zweites in einem anderen Raum.

BITTE KRÜMEL-FREI: Gerade das Wasser neben dem Fressnapf sollte täglich gewechselt werden, da hier gern Futterkrümel hineinfallen.

OHNE BÄH-GESCHMACK! Spülmittelrückstände kommen beim vierbeinigen Feinschmecker gar nicht gut an.

UNERWARTET: Neben dem frischen Wasser im Schälchen kann auch die alte Gießkanne hinter dem Haus mit der abgestandenen Pfütze darin eine beliebte Trinkstätte sein.

ERNÄHRUNGS-IRRTÜMER

Irrtum Nr. 1: Katzen essen nur so lang, bis sie satt sind

Schmatzen. Nichts als Schmatzen. Und das seit Minuten. Wer seiner Katze schon mal dabei zugeschaut hat, wie sie die riesigen Futterberge aus ihrem Napf verputzt, der hat sich vermutlich auch schon mal gefragt, warum die kleine Raupe Nimmersatt eigentlich keine kleine Katze Nimmersatt ist. Dass Katzen nämlich nur fressen, wenn sie Hunger haben, oder sogar nur so viel, bis sie satt sind, ist zweifelsohne ein Mythos. Wenn auch ein weitverbreiteter. Und wer annimmt, seine Katze wisse selbst am besten, wann sie satt ist, der sollte schon mal die Nummer des Tierarztes parat halten – und eine Sackkarre, um den kugelrunden Patienten rückenfreundlich abzutransportieren.

Irrtum Nr. 2: Katzen brauchen Milch

Katzen lieben Milch. Sieht man in jedem Kinderbuch. Nur: Vertragen tun sie diese nicht unbedingt. Nur Katzen, die seit dem Welpenalter immer Milch getrunken und nie entwöhnt wurden, können den Milchzucker darin verdauen. Allen anderen erwachsenen Katzen macht er Probleme, und sie bekommen von zu viel Milch Durchfall.

Irrtum Nr. 3: Fertigfutter ist schlecht

Auch wenn der Napf binnen weniger Sekunden leer gefressen wird, ist es ein Trugschluss zu denken, Fertigfutter sei Fast Food und damit ungesund – im Gegenteil. Die meisten modernen Alleinfuttermittel enthalten alle wichtigen Bestandteile, die eine Katze so braucht. Eine Maus zwischendurch schadet natürlich trotzdem nicht. ✖

VON KATZ ZU MENSCH

Die schlechte Nachricht vorab: Unsere Stimmbänder sind nicht dafür gemacht, sich mit Katzen in einer Schnurr-Tonlage zu verständigen. Das Katzensprache-Lernen fällt also flach. Doch zur Kommunikation gehören zum Glück noch ganz andere Dinge. Die Mimik beispielsweise. Oder die Gestik. Ein Wörterbuch, mit dessen Hilfe sich die Katzensprache ins Deutsche übersetzen lässt, finden Sie hier leider nicht. Aber viele Informationen, wie Sie richtig mit Ihrer Katze kommunizieren und sie besser verstehen. ✖

DER GUTE TON: Der Tonfall ist wichtiger als der Inhalt Ihrer Worte.

UNSCHÖNE GERÜCHE: Riecht die Hand noch nach dem Nachbarhund, sind selbst die freundlichsten Worte zwecklos.

ZUSAMMENSPIEL: Neben den Lauten, die eine Katze von sich gibt, muss man stets auch auf ihre Körpersprache achten.

GEHT DAS AUCH GENAUER?

»Was hat sie nur?«, denkt der Mensch, »Was will er denn?«, die Katze. Dabei sind beide der Meinung, sich deutlich ausgedrückt zu haben. Gar nicht so leicht, ins Gespräch zu kommen.

Endlich ist der Zweibeiner wieder zu Hause. Da muss man sich doch gleich mal bemerkbar machen. Ein freudiger Willkommensgruß. Und noch einer. Und noch einer. Wenn es um Begrüßungen geht, stellen viele Katzen Quantität über Qualität. Könnte ja sein, dass man in den letzten 30 Minuten in Vergessenheit geraten ist. Und dann wären direkt an der Eingangstür natürlich noch gleich die wichtigsten Fragen zu klären: Hast du mich genauso sehr vermisst? Und hast du mir etwas mitgebracht? Neues Futter etwa? Möglicherweise sogar eine Maus? Ja? Sag, hast du? Hm? Das Problem bei der Sache ist: Der Mensch hört nur minutenlanges Maunzen und Miauen, während ihm all die relevanten Fragen und üppigen Liebesbekundungen seines redseligen Mitbewohners leider verborgen bleiben.

Katzen dagegen lernen unsere Sprache äußerst schnell – solange wir konsequent sind. Was beispielsweise der drohende Zeigefinger, verbunden mit dem Wort »Runter!« bedeutet, sobald sie auf den Esstisch springt, versteht Mieze schon nach ein paarmal. Ob sie allerdings auch gerade Lust hat, das zu tun, was ihr befohlen wird, ist natürlich eine ganz andere Frage. Überhaupt kommt es viel weniger darauf an, was man sagt, als wie man es sagt. Ein Lob in aufgebracht erregtem Tonfall wird Ihre Katze ebenso falsch verstehen wie einen liebevoll dahingehauchten Tadel. Und seien Ihre Argumente auch noch so gut. Im Gegensatz zu – Vorsicht, Vorurteil! – manchem Mann können die Vierbeiner nämlich selbst subtilste Zwischentöne heraushören. Was auch daran liegt, dass Katzen gleich nach uns Menschen diejenigen Lebewesen mit dem größten Lautrepertoire sind.

Das typische »Miau«, besonders gern vor einem leeren Futternapf geäußert, ist übrigens eigentlich Babysprache. In freier Wildbahn würde eine ausgewachsene Katze diesen Hilferuf nie und nimmer verlauten lassen. Unsere Stubentiger haben jedoch gelernt, dass wir in Sachen Futter und Schutz die Rolle der Katzenmama übernommen haben und reden folgerichtig in Babysprache mit uns.

Sind Katzen unter ihresgleichen, brauchen sie häufig gar keine Worte oder Geräusche, um sich zu verständigen. Die Kommunikation kann dann auch komplett über die Duft- und Körpersprache ablaufen. Deshalb lohnt es sich auch für uns, gute Beobachter zu sein und unsere Katzen genau zu studieren. ✖

NOMEN EST OMEN

»Alf! Komm her, Alf«, rief unlängst ein Nachbar durch seinen Garten. Weiß man, dass der TV-Serien-Alien Alf nichts lieber macht, als Katzen zu jagen und zu verspeisen, entbehrt der Name nicht einer gewissen Komik. Kater Alf kam aber nicht. Vielleicht mag Alf ja seinen Namen nicht so gern, schließlich hat er nur eine Silbe. Zwei sind besser. Also lieber Sissi statt Franz. Noch wichtiger aber ist, die Katze so früh und so oft wie möglich mit ihrem Namen anzusprechen. Unzählige Kosenamen dagegen verwirren sie nur. Am zuverlässigsten reagiert eine Katze ohnehin aufs Klappern der Futterdose. ✖

Der perfekte Name hat zwei Silben, klingt freundlich und hell, braucht keinen weiteren Kosenamen oder Kurzformen, sollte zu Beginn vor allem mit Positivem in Zusammenhang gebracht werden, zum Beispiel mit Leckerlis, könnte sogar Satan lauten, wenn Ihnen das gefällt. Aber achten Sie mal auf den Gesichtsausdruck Ihrer Freunde, wenn Sie erzählen, dass Satan auf Ihrer Couch schläft.

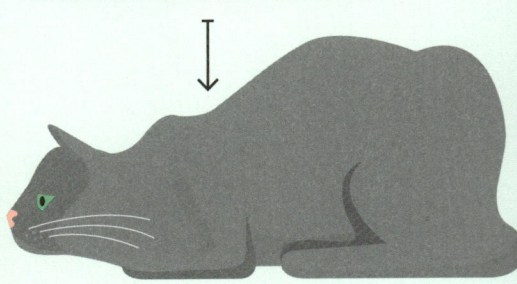

MISSMUTIG: Eine schlecht gelaunte oder beunruhigte Katze kauert sich geduckt hin, die Vorderpfoten fest unter die Brust gezogen. So kann sie jederzeit aufspringen oder eine krallenbewehrte Tatze ausfahren.

NICHT GEHEUER: Sowohl bei Aggressivität als auch bei Furcht sträubt sich das Rückenfell, und der Schwanz wird zu einer Art Flaschenbürste. Das lässt größer erscheinen, als man ist. Vor allem, wenn man auch noch den Rücken zum Buckel aufwölbt.

BITTSTELLER: Die Katze sitzt senkrecht auf den Keulen, den Blick auf Sie geheftet, und maunzt ohne Unterlass. Das heißt, sie will etwas von Ihnen.

NEUGIERIG: Ihre Katze kommt auf Sie zu, den Schwanz senkrecht hochgestellt? Ein freundliches »Hallo, ich bin's!«

EINERSEITS, ANDERERSEITS: Ihr Vierbeiner steht leicht geduckt da, und der Schwanz peitscht heftig hin und her. Ein Zeichen für Unschlüssigkeit.

ES GEHT MIR GUT: Mieze schlummert selig auf der Couch, alle viere in die Luft gereckt. Sie fühlt sich absolut wohl und sicher.

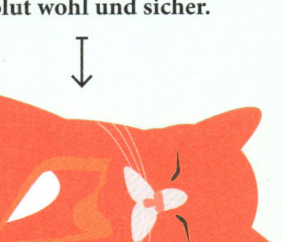

HALTUNG BITTE!

Um Katzen zu verstehen, muss man weder die unterschiedlichen Klänge in einem Miau erlernen noch die verschiedenen Tonlagen des Schnurrens und Fauchens. Denn worauf es in Sachen Kommunikation vor allem ankommt, sind Gestik und Mimik.

Der Teppich im Wohnzimmer ist voller Erde, garniert mit unzähligen Blütenblättern. Dekoriert wurde dieses bunte »Arrangement chaotique« noch mit einem Potpourri glitzernder Scherben. Sie waren einst ein Übertopf. Daneben steht der Künstler. Das Haupt gesenkt, den Schwanz ganz leicht eingekniffen, schweigt er betreten, den Blick gen Boden gerichtet. In der Menschenwelt würde man Miezes gebeugte Körperhaltung vielleicht als Zeichen der Reue und Demut deuten. Was sie aber tatsächlich ausdrückt, ist etwas gänzlich anderes. Unsicherheit. Sie weiß sehr genau, dass man den Kontakt mit dem Menschen jetzt am besten vermeidet.

Anderes Beispiel: das Abendessen mit Freunden. Weil die Gäste ihren kleinen West Highland Terrier nicht zu lang allein lassen wollten, haben sie ihn kurzerhand mitgebracht. Die Katze merkt das reichlich spät – eigentlich erst als sie schlaftrunken aus ihrem Separee wankt und plötzlich einem weißen haarigen Eindringling gegenübersteht. Katzenbuckel. Spitz nach oben gestellte Ohren. Erhobene Pfote. Fauchen. All das soll dem Gegenüber unmissverständlich klarmachen, dass er hier – mal vorsichtig ausgedrückt – kein gern gesehener Gast ist. Und sie als vierbeiniger Chef des Hauses ihn daher auffordert, sich zu verdrücken. ✖

MIMIK UND LAUTSPRACHE

Die Augen leicht verengt, die Nase gerümpft, die Mundwinkel nach unten gezogen. Keine andere Katze ist – zumindest im Internet – so bekannt wie Grumpy Cat, was auf Deutsch nichts anderes bedeutet als missmutige Katze. Die Gesichter unterschiedlicher Rassen unterscheiden sich zwar stark. Und für den Laien mag eine Europäisch Kurzhaar auf den ersten Blick durchaus freundlicher wirken als beispielsweise eine Perserkatze. Doch wenn die Augenbrauen zusammengezogen, die Ohren angelegt werden und lautes Fauchen ertönt, sollten Sie bei beiden gleichermaßen in Deckung gehen. ✖

EIN MIAU, VIELE BEDEUTUNGEN

Die Katze sitzt seit einer gefühlten Ewigkeit am Fenster und beobachtet die vorbeifliegenden Vögel. Das Maunzen, das sie dabei von sich gibt, gleicht einem schnellen, fast schon maschinengewehrartigen Stakkato und erinnert eher an ein Schnattern als an ein melodiöses »Miau«. Sie meckert, weil sie nicht hinterherjagen kann. Ein lang gezogenes, klägliches Maunzen ist dagegen oft ein Hilfeschrei, und kurze Töne – gerade zur Begrüßung – sollen vor allem die Aufmerksamkeit des Menschen auf sich lenken. Ein Knurren ist eine Warnung, wohingegen Fauchen einen bevorstehenden Krallenhieb ankündigt. Und dann gibt es noch diesen schlaf- und nervenraubenden kehligen Kratzlaut, der vor allem nachts zu vernehmen ist, wenn die Katze das halbe Bett einnimmt und alle viere weit von sich streckt. Man nennt ihn Schnarchen.

DIE AUGEN ALS STIMMUNGSBAROMETER

Fast kugelrund sind sie starr auf einen Punkt gerichtet – entweder auf Mensch, Maus oder Spielzeug. Das zeigt: Die Katze ist aufmerksam und interessiert. Sind die Lider hingegen geschlossen und kann man sich des Eindrucks nicht erwehren, der Vierbeiner würde jeden Moment dem Sekundenschlaf verfallen, ist das ein Zeichen für Entspannung. Genauer hinschauen muss man, wenn sich das Gesicht zu einer Abwehr- oder Drohmimik verzieht und Mieze die Augen leicht zukneift. Sind die Pupillen dabei geweitet, hat die Katze Angst. Sind sie kleine Schlitze, ist sie aggressiv gestimmt. Allerdings spielt auch das Umgebungslicht eine Rolle: Ist es sehr hell, sind die Pupillen schmal, in der Dämmerung und im Dunkeln dagegen sind sie groß und rund, damit mehr Licht auf die Netzhaut kommt.

MÜNDLICHE PRÜFUNG

Die Katze von Welt zeigt Zunge – gern und oft. Zum Beispiel nach dem Essen, wenn sie sich über das Maul und die Nase schleckt. Aber auch nach dem Trinken, beim Fellputzen oder einfach mal so als Zeichen der maximalen Entspannung. Fühlen Sie sich also nicht beleidigt, wenn Ihnen eine Katze die Zunge herausstreckt. Das ist vielmehr ein Zeichen von Ruhe und Gemütlichkeit. Um Letztere auszudrücken, gibt es natürlich viele verschiedene Mittel und Wege. Besonders leicht ist sie für uns natürlich am Gähnen zu erkennen: Mieze ist dann entspannt und hätte nichts gegen ein Nickerchen. Ein leicht geöffnetes Maul kombiniert mit einem Hecheln steht dagegen für Anspannung, Stress oder auch Schmerzen. Und kann man die wunderschönen Reißzähne bewundern, sollte man schleunigst Reißaus nehmen. ✖

ES LIEGT WAS IN DER LUFT

Nein, wie niedlich! Da reibt sich der Vierbeiner erst an der Couch, auf der man gerade sitzt, und dann gleich noch mal am Hosenbein des Zweibeiners. Sie ist ja so was von anhänglich. Nicht ganz. Das Sprichwort: »Ich kann dich gut riechen« kommt nämlich zum einen nicht von ungefähr und könnte zum anderen von einer Katze verfasst worden sein. Katzen kommunizieren untereinander viel über Gerüche, haben an unterschiedlichen Stellen ihres Körpers Duftdrüsen und können so über chemische Botenstoffe ihre Spuren hinterlassen und beispielsweise ihr Revier markieren. Das Ganze nennt man Chemokommunikation. Wenn sich die Katze irgendwo reibt, erfüllt das für sie also denselben Zweck wie ein Dekoobjekt für den Menschen: Es schafft Wohlfühlatmosphäre. Manchmal funktioniert der Duft auch wie eine Annonce in der Singlebörse: Kater, fünf Jahre, sportlich, durchtrainiert, sucht Kätzin für romantische Stunden. ✖

Neben Mimik, Gestik und
Lautsprache kommunizieren
Katzen über Gerüche. Und das
geht über ein »Ich kann dich
gut riechen« weit hinaus.

Vom Kopf über den Schwanz
bis hin zu den Pfoten: Drüsen
an den verschiedensten Stellen
des Körpers produzieren
Duftstoffe zur Verständigung
mit Artgenossen.

»Das ist meins!«
Das Reiben an Beinen
und Möbeln kann
eine Form des Revier-
Markierens sein.

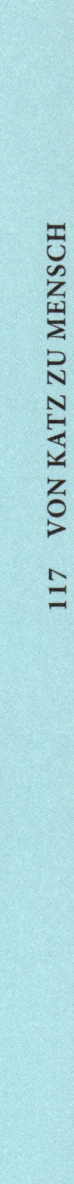

ABSOLUT LOGISCH

Vermutlich wird man nie genau verstehen, was in so einem hübschen Katzenköpfchen vor sich geht. Der Faszination für die Samtpfoten tut das aber keinen Abbruch – im Gegenteil.

Ein frisch bezogenes Bett? Ein kuschelig weiches Katzenkissen? Eine flauschige Wolldecke? Da legt man sich doch am besten … ins leere Waschbecken. Natürlich! Und wie ging noch mal Fangenspielen auf Katzenart? Ach ja, wie eine Slapstick-Komödie zu Charlie Chaplins Zeiten. Da rennt, während man in den Garten schaut, innerhalb weniger Minuten die eigene Katze fünfmal von links nach rechts, verfolgt vom Nachbarkater. Bei der sechsten Runde haben sie die Rollen dann plötzlich vertauscht: Jetzt flüchtet der Kater von rechts nach links am Fenster vorbei. Und die eigene Katze direkt hinterher.

Das Internet ist voll von Bildern und Videos, die das eigensinnige und für uns Zweibeiner nicht immer nachvollziehbare Verhalten von Katzen demonstrieren. Cat-Content nennt man das. Also Katzen-Inhalte. Und um es mal ganz frei zu formulieren: Humor ist, was wir daraus machen. Eine Katze, die statt durch die offene Türe zu spazieren, ihren etwas zu proper geratenen Körper durch die in dieser Tür eingelassene Katzenklappe zwängt, gibt natürlich ein lustiges Bild ab. Dabei will die Katze – als Gewohnheitstier, das sie nun einmal ist – einfach nur denselben Weg nehmen wie sonst auch. Im Netz sehr beliebt sind auch Videos mit Katzen und Gurken. Das Drehbuch: Während die Katze frisst, legt man heimlich, still und leise eine Gurke hinter sie. Der Brüller folgt, sobald Mieze den Napf leer geschleckt hat und sich umdreht. Dann nämlich macht sie einen riesigen ängstlichen Satz in die Höhe und nimmt Reißaus. Aber warum haben Katzen eigentlich solche Angst vor Gurken? Haben sie gar nicht! Aus Katzensicht ist die Reaktion vollkommen logisch: Erstens war die Gurke eine Minute vorher noch nicht da, zweitens kann man sie auf den ersten Blick schnell mit einer grünen Schlange verwechseln. Und dass man vor der Angst hat, ist ja wohl mehr als verständlich. Es steht also außer Frage, dass Katzen einen Sinn für Logik haben. Es ist nur eben eine ganz eigene Art von Logik. Katzenlogik sozusagen.

Ob Katzen auch Humor besitzen, darüber lässt sich hingegen streiten. Wissenschaftler sagen Nein. Die Praxis aber belehrt uns zuweilen eines Besseren: Da verlässt zum Beispiel ein Mensch sein Haus in der Überzeugung, der Stubentiger halte sich auch weiterhin an die Regel: »Du darfst nicht auf den Tisch«. Doch während er noch den Schlüssel im Schloss umdreht, sieht man förmlich schon, wie sich die Katze in die Schnurrbarthaare lacht. Und dann ein genüssliches Nickerchen hält. Und zwar mitten auf dem Esstisch. Ohne die Spur eines schlechten Gewissens. ✖

WENN'S MAL NICHT RUND LÄUFT

Das Zusammenleben in einer Wohnung birgt immer wieder Überraschungen und besteht aus mehr als nur den angenehmen, lustigen und liebevollen Seiten. Ganz besonders, wenn der Mitbewohner zu notorischer Eifersucht neigt, ein ziemlicher Tollpatsch ist, Unmengen an Geduld abverlangt, weil er seine Hyperaktivität immer wieder unbedingt in der Küche ausleben will, oder die Schärfe seiner Krallen am liebsten auf unserer nackten Haut demonstriert. Wie man sich in solchen Situationen richtig verhält und wie aus einer Chaos-WG wieder eine harmonische Wohngemeinschaft wird, erfahren Sie auf den folgenden Seiten. ✖

MEIN SOFA, MEIN HAUS, MEINE WELT

Katzen bellen zwar nicht, verteidigen ihr Revier aber ebenfalls äußerst standhaft. Wer wohin darf, bestimmen immer noch sie.

Alle Mann auf ihre Posten! Verteidigungsstellung einnehmen! Dem Feind zeigen, dass er hier auf erbitterten Widerstand trifft! Eben schlummerte die Katze noch friedlich in ihrem Bettchen, streckte alle viere in die Luft und gab nur hin und wieder leise Schnarchgeräusche von sich. Jetzt steht sie in einer Drohhaltung auf der Fensterbank, die selbst ihre großen afrikanischen Verwandten gehörig in Angst und Schrecken versetzen würde, und faucht den schwarzen Eindringling an, der da durch ihr Revier läuft. Dann ein gezielter Angriff aus dem Hinterhalt: Pfeilschnell schießt sie dafür durch die Katzenklappe und schlägt den Fremdgartenspaziergänger in die Flucht. Fazit: Mission erfüllt, Revier verteidigt.

Doch mitten in der Nacht dringen dann schaurige Geräusche aus dem Garten ins Schlafzimmer. Ein Kampf. Und was für einer. Scheinbar sind die Streithähne wieder aufeinandergetroffen. Klar, dass man da kein Auge mehr zumachen kann. Der Lärm erinnert ja auch eher an einen Kampf zweier Werwölfe als an die Rauferei von zwei süßen Miezekätzchen. Eine Stunde später dann endlich das erlösende Klappern der Katzenklappe. Mit ein paar Kratzwunden, ansonsten aber wohlauf kommt der Raufbold nach Hause und lässt sich erschöpft auf sein Kuschelkissen fallen …

Revierkämpfe muten bisweilen recht martialisch an, insbesondere bei nicht kastrierten Katern. Sie sind allerdings ein völlig normales Verhalten. Die Katze teilt ihr Revier nämlich in drei Zonen auf: Die sogenannte Kernzone ist der innerste Bereich. Hier befinden sich Futternapf, Schlafplätze und Toilette. Traut sich eine fremde Katze oder auch ein Hund hier hinein, gibt es Zoff. An die Kernzone schließt sich der Heimbezirk an, etwa der Garten mit seinen Ruheplätzen. Befreundete Katzen sind geduldet, fremde Eindringlinge nicht. Der dritte Bereich wird als Streifgebiet bezeichnet. Auf dieses erhebt die Katze keinen alleinigen Anspruch mehr und kommt sich dementsprechend seltener mit Artgenossen ins Gehege. Stattdessen macht sie hier Jagd auf Mäuse und andere Beute, wobei unter den Nachbarkatzen nicht selten ein zeitlich begrenztes Wegerecht vereinbart ist. Bei Wohnungskatzen liegen alle drei Revierzonen innerhalb der eigenen vier Wände, wobei die Kernzone dann ein Zimmer, eine Ecke oder sogar nur das Körbchen ist.

Egal ob Haus oder Wohnung und egal ob eingeladen oder nicht: Waren fremde Katzen oder Hunde zu Besuch, sollten Sie danach unbedingt gründlich putzen, sonst riecht auf einmal alles fremd. Und wir selbst sind ja auch eher skeptisch, wenn die Partnerin oder der Partner nach einem fremden Parfüm oder Aftershave duften. ✖

STREIFGEBIET: Hier wird nur Jagd auf Mäuse gemacht, deshalb dürfen sich auch andere Katzen hier aufhalten.

KERNZONE: Eindringlinge werden sofort mit allen Mitteln verjagt.

HEIMBEREICH: Auch hier werden Fremde nicht toleriert.

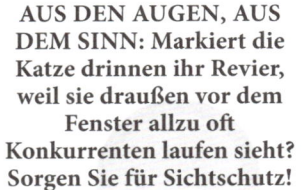

AUS DEN AUGEN, AUS DEM SINN: Markiert die Katze drinnen ihr Revier, weil sie draußen vor dem Fenster allzu oft Konkurrenten laufen sieht? Sorgen Sie für Sichtschutz!

VORSICHT, EINDRINGLINGE: Kommen fremde Katzen in Ihr Haus, tun Sie gut daran, diesen keinerlei Aufmerksamkeit zu schenken und sie erst recht nicht zu füttern. Anderenfalls müsste das Revier nämlich deutlicher markiert werden …

BITTE NICHT ZU GRÜNDLICH: Wenn Sie beim Putzen allzu penibel sind, entfernen Sie auch die Gesichtsmarkierungen Ihrer Katze. Ergo: Es werden stärkere Duftmarken gesetzt.

SPEZIELLE REINIGER: Ein bisschen Spüli und Wasser? Pah, das reicht nicht! Verwenden Sie zum Entfernen von Duftmarken Katzenurinreiniger auf Enzymbasis.

DAS ALLES UND NOCH VIEL MEHR ...

Das mag ich und das. Und das da auch. Gehört alles mir ...

Genüsslich reibt Mieze den Kopf an der Armlehne des Sofas hin und her. Hin und her. Und hin und her ... Im Fernseher läuft ein Dokumentarfilm über die Mondlandung. Neil Armstrong steckt die amerikanische Flagge in die Oberfläche. Oder anders gesagt: Er markiert das Revier. Eine Katze macht es nicht viel anders: Indem sie den Kopf an etwas oder jemandem reibt, verteilt sie das Sekret ihrer Wangendrüsen und markiert das Objekt oder den Menschen als vertraut. Das Ganze bezeichnet man als Gesichtsmarkierung. Wir Zweibeiner haben damit für gewöhnlich kein Problem, weil unsere Nase gar nicht fein genug ist, um den Duft wahrzunehmen. Anders als die außerhäusige Markierung. Denn draußen steckt die Katze ihr Revier mit Urin ab. Katzenpipi ist also nichts anderes als die müffelnde Nationalflagge der Katzenwelt.

Ab und an kommt es leider vor, dass auch das Wohnungsrevier mit Urin markiert wird – und damit ist nicht das Pinkeln in den Blumenkübel gemeint, weil der gerade als ansprechenderes Katzenklo auserkoren wurde. Aber selbst wenn man sich als Dienstbote seiner Katze täglich in Nachsicht und Geduld übt: Gegen dieses Verhalten muss man unbedingt einschreiten. Aber wie? Schimpfen wäre der falsche Weg, man muss der Ursache auf den Grund kommen. Vielleicht fühlt sich die Katze von einem Konkurrenten bedroht (Stichwort: fremdes Aftershave oder Parfüm). Möglich ist auch, dass man ihren eigenen Geruch, den sie mit mühsamem Kopfreiben überall verteilt, immer wieder wegputzt und sie zu härteren Mitteln greifen muss. ✖

UND WAS IST MIT MIR?

Babyalarm? Neue Liebe? Wunderbar, aber vergessen Sie vor lauter Glück Ihre Katze nicht.

»Du, irgendjemand müsste mal die Milch aufwärmen«, schallt es aus der Küche. Wer mit »irgendjemand« gemeint ist, ist klar. Untermalt wird die Aufforderung von den nur in den Ohren einer liebenden Mutter lieblichen Klängen von Babygeschrei. Wenigstens die Katze verhält sich ruhig. Sehr ruhig. Auffällig ruhig. Wenn man es sich recht überlegt, hat sie sich schon seit Stunden nicht mehr blicken lassen. Hinterm-Ohr-Kraulen findet sie völlig doof, und die zwei Pfützen im Wohnzimmer wurden erst auf eine undichte Stelle im Dach zurückgeführt, später dann doch auf eine undichte Stelle in der Katze. Woran das nur liegen mag?

Die Antwort ist simpel: Eifersucht. War bislang der Vierbeiner mit seinen gewagten Artistikeinlagen beim Klettern auf den Schränken, seinem bezirzenden Äußeren und dem verschmusten Wesen der Star des Hauses, dreht sich auf einmal alles nur noch um diesen pausbäckigen, speckigen Miniatur-Zweibeiner. Die Eifersucht ist ja nicht umsonst Dreh- und Angelpunkt unzähliger Lieder, Bücher und Gedichte. Apropos Angelpunkt: Auch wenn Sie sich einen neuen Partner geangelt haben, sollten Sie Ihre Katze keinesfalls vergessen. Überrumpeln Sie sie nicht, sondern geben Sie ihr Zeit, den »Neuen« langsam und schrittweise kennenzulernen. Sonst schüren Sie ebenfalls nur unnötig Eifersüchteleien. Bei Ihren Eltern fallen Sie schließlich auch nicht gleich mit der Tür ins Haus. Oder? ✖

GEGENSEITIGES BESCHNUPPERN: Dem Kennenlernen wäre es zuträglich, wenn der neue Partner vor dem ersten Date mit Katze nicht gerade in Parfüm oder Aftershave gebadet hat.

MIT GEFÜHL: Auch wenn es jetzt neue und spannende Menschen im Leben gibt, freut sich die Katze über jede ausgiebige Streicheleinheit.

IMMER LANGSAM: Die Katze sollte die Geschwindigkeit des ersten Kennenlernens selbst bestimmen.

IMMER MIT DER RUHE: Familienzuwachs – ob Partner oder Baby – sollte langsam und schrittweise mit der Katze Bekanntschaft machen.

DAS STILLE ÖRTCHEN

»Immer muss man dir hinterherputzen!« Diesen Satz kennen wohl alle Eltern – und wahrscheinlich haben sie ihn bereits von ihren eigenen Eltern gehört. Aber das hier geht entschieden zu weit: Der Vierbeiner mag sich zwar als Herrscher des Hauses fühlen, doch das gibt ihm noch lange nicht das Recht, den Wohnzimmerboden mit einem Häufchen zu krönen. Und dann besitzt er noch die Dreistigkeit, keine zwei Meter entfernt über dem Blumentopf auf der Fensterbank Platz zu nehmen und für dessen Bewässerung zu sorgen, während man gerade noch dabei ist, die letzten Spuren zu beseitigen. ✖

WIRKLICH UNSAUBER?

Obwohl man getreu dem Motto »Aus den Augen, aus dem Teppich« eigentlich am liebsten wegschauen würde, lohnt sich oft der genauere Blick – und die Frage, ob die Katze tatsächlich unsauber ist oder ob sie uns etwas ganz anderes mitteilen möchte. Wenn die Katze das Klo links liegen lässt und ihr großes oder kleines Geschäft auf dem Teppich in halber Hocke macht und danach auch noch scharrt, ist das ein Zeichen für Unsauberkeit. Verspritzt sie dagegen »nur« im Stehen Urin, markiert sie ihr Revier. Mögliche Lösungen bei Unsauberkeit zeigt der nächste Punkt. Auf jeden Fall aber sollte die Stelle gründlich gereinigt werden. Sonst sagt die Duftspur nämlich: »Die nächste Toilette? Genau hier! Auf dem Wohnzimmerteppich!«

DER DECKEL MUSS WEG

Ist die Katzentoilette zu klein, nicht sauber genug oder liegt die falsche Einstreu darin? Wenn es um Hygiene geht, sind Katzen extrem pingelig. Versuchen Sie es mit feinerer Einstreu, und nehmen Sie, falls es einen gibt, den Deckel der Katzentoilette ab. Denn darunter sammeln sich die Gerüche. Und wer schon einmal auf eine fensterlose Toilette gehen musste, von deren Tür ihm das Schild »Lüftung defekt« entgegenstrahlte, weiß, wie unangenehm das sein kann. Sie haben nichts gefunden, das sich beanstanden ließe? Na ja, dann ist dem Vierbeiner vielleicht auch einfach der Weg in den Keller zu weit, wenn er mal muss. Probieren Sie es mit einer Katzentoilette für jedes Stockwerk.

PSYCHISCHE URSACHEN

Unsauberkeit kann auch psychische Ursachen haben: Hat sich etwas an der häuslichen Situation geändert? Waren fremde Tiere im Haus? Macht vielleicht ein neuer Partner oder ein Baby Mieze die bisher ungeteilte Aufmerksamkeit streitig? Natürlich ist es ein rabiates Mittel, den Teppich zu missbrauchen, um das vermeintliche Defizit auszugleichen. Doch eine Katze, die sich in den eigenen vier Wänden nicht mehr wohlfühlt, geht eben mitunter zum Äußersten. Lässt sich jeder Verdacht auf einen Mangel an Aufmerksamkeit von der Hand weisen, sollte man den Tierarzt aufsuchen. Denn es gibt auch organische Ursachen für unkontrolliertes Pinkeln. ✖

WENN AUS SPIEL SCHMERZ WIRD

Katzen lieben es gestreichelt zu werden, aber nicht immer und vor allem nicht überall. In der Beziehung sind sie uns recht ähnlich.

»Sie liebt es, wenn sie so gestreichelt wird. Hier am Kinn hat sie es besonders gern. Da fängt sie immer an zu schnurren und dreht ihren Ko … AUA!« Verärgert wird die Katze beiseitegeschoben, und der gemütliche DVD-Abend muss erst einmal unterbrochen werden, um sich zu verarzten.

Kratzen gehört zu den am wenigsten geliebten Eigenschaften unserer Stubentiger. Dabei werden Katzen in den seltensten Fällen ohne Vorwarnung aggressiv. Viel wahrscheinlicher ist es, dass man die Warnsignale nicht wahrgenommen hat. Anders ausgedrückt: Selbst schuld, wenn man mehr auf den Fernseher achtet als auf den Vierbeiner, der sich auf dem Schoß räkelt.

Dass die Ursache für schnelles Kratzen beim Spielen oder Streicheln oft in der Kindheit liegt, dafür braucht man keine Katzen-Therapeutencouch. Die Erklärung liegt meist auf der Hand: Haben die Menschen damals allzu grob mit dem Kätzchen gerauft, hat es gelernt, sich zu wehren, sobald die Sache unangenehm wird. Mit allen Mitteln.

Aber auch sonst sollte man beim Spielen genauso wie bei ausgiebigen Streicheleinheiten immer aufmerksam sein und Warnsignale wie einen zuckenden Schwanz, geweitete Pupillen und gespitzte, leicht angelegte Ohren wahrnehmen – und vor allem ernst nehmen. Respektieren Sie die Grenzen Ihrer Katze, und achten Sie darauf, an welchen Stellen sie gern gestreichelt wird und an welchen weniger. Ansonsten gilt ein altes Sprichwort in etwas abgewandelter Form: Wer's nicht lernen will, wird's fühlen. ✖

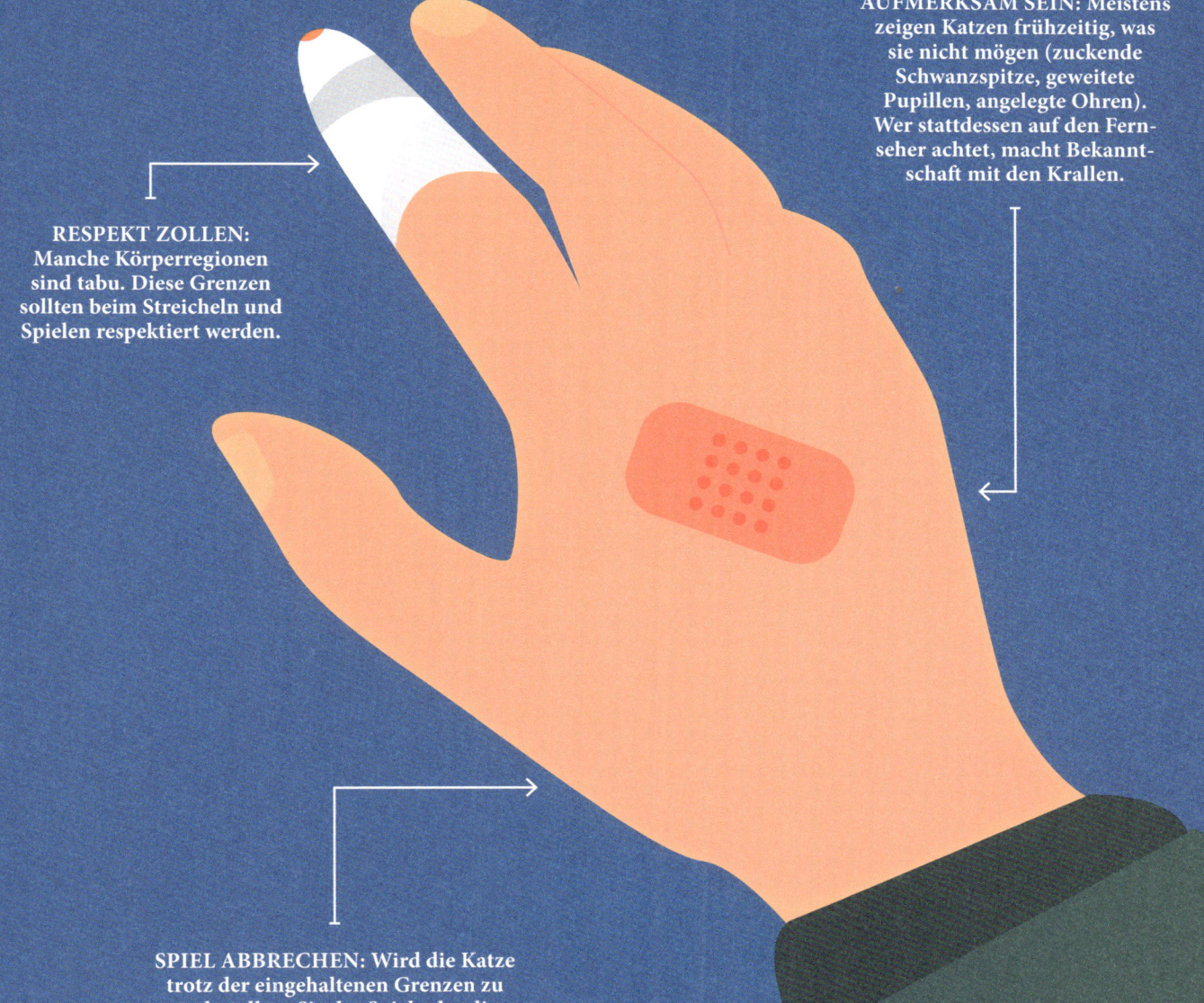

RESPEKT ZOLLEN: Manche Körperregionen sind tabu. Diese Grenzen sollten beim Streicheln und Spielen respektiert werden.

AUFMERKSAM SEIN: Meistens zeigen Katzen frühzeitig, was sie nicht mögen (zuckende Schwanzspitze, geweitete Pupillen, angelegte Ohren). Wer stattdessen auf den Fernseher achtet, macht Bekanntschaft mit den Krallen.

SPIEL ABBRECHEN: Wird die Katze trotz der eingehaltenen Grenzen zu grob, sollten Sie das Spiel oder die Streicheleinheiten sofort abbrechen.

UNSAUBERKEIT:
Wenn statt der
Toilette das Wohn-
zimmer oder die
Küche aufgesucht
wird, kann dies auf
eine Verhaltens-
störung hinweisen.

STÄNDIGES ZURÜCKZIEHEN:
Versteckspielen gut und recht,
bekommen Sie Ihre Katze aber
kaum noch zu Gesicht, stimmt
irgendetwas nicht.

**ZWANGHAFTES
SCHLAFEN** gibt
es übrigens nicht.
Das ist schlichtweg
Faulheit.

ZWANGHAFTE BEWEGUNGEN:
Hierzu zählt nicht, dass sich die
Katze acht- statt siebenmal am
Kopf gekratzt hat. Beobachten
Sie Auffälligkeiten.

ZUM TIERARZT:
Wenn Sie keine
Erklärung für die
Ursache haben,
wenden Sie sich an
einen Tierarzt.

**ZWANGHAFTES
PUTZEN:** Führt dieses
zum Haarausfall, über-
treibt es die Katze mit
der Hygiene.

NICHT MEHR NORMAL?

Katzen sind Katzen und keine Menschen auf vier Beinen. Daher scheint manche Verhaltensweise uns komisch. Aber was ist wirklich nicht mehr normal?

Völlig zu Unrecht bezeichnen wir ein hastiges Wasser-Ins-Gesicht-Klatschen als Katzenwäsche. Denn wenn sich Katzen putzen, ist das an Gründlichkeit kaum zu überbieten. Was aber tun, wenn der Vierbeiner seit Stunden erst in seinem Korb sitzt, dann auf dem Wohnzimmerteppich und anschließend in der Küche – noch dazu immer genau an der Stelle, an die man gerade selbst hin müsste –, und sich putzt. Ausgiebigst. Dermaßen eifrig, dass er schon ganze Haarbüschel in der Wohnung verteilt. Spätestens wenn Ihre Katze die ersten kahlen Stellen hat und der Staubsaugerbeutel vor lauter Fell zu platzen droht, sollten Sie dann doch einen Tierarzt aufsuchen, um möglichen Ursachen auf den Grund zu kommen. Denn normal ist das nicht.

Übermäßiges Putzen und der damit einhergehende Haarausfall, die sogenannte Psychogene Leck-Alopezie, sind allerdings nur ein Beispiel für kätzische Verhaltensstörungen – echte Verhaltensstörungen wohl gemerkt, nicht etwa vom Menschen unerwünschte, für die Katze aber ganz normale Verhaltensweisen. Sie können sich in unterschiedlichster Art und Weise äußern. Beispielsweise dadurch, dass der Vierbeiner extrem introvertiert ist und sich rund um die Uhr zurückzieht. Auch Unsauberkeit oder ständiges Zerkratzen von Möbelstücken können Anzeichen dafür sein, dass irgendetwas nicht stimmt. Und wenn Sie das Gefühl haben sollten, Ihre Katze hätte einen Sprung in der Platte (oder Schüssel), weil sie ein und dieselbe Bewegung immer und immer wieder wiederholt, sollten Sie ebenfalls ärztlichen Rat suchen. Zwanghaftes Verhalten gibt es nämlich nicht nur bei Zweibeinern. Dasselbe gilt für selbstverletzendes Verhalten.

Manchmal handelt es sich zum Glück lediglich um eine vorübergehende »Störung«. Wenn beispielsweise vor fünf Tagen Ihr Hund gestorben ist, der auch für die Katze ein treuer Spielgefährte war, und diese sich seitdem unter dem Sofa, dem Schrank oder dem Bett verkriecht, dann trauert sie ganz offensichtlich. Das ist normal, darf aber nicht zu lange andauern. Spätestens nach zwei Wochen sollte sich die Katze gefangen haben und frohen Mutes wieder Papierkugeln oder Mäusen hinterherjagen.

Weil Verhaltensstörungen auch körperliche Ursachen haben können, ist es im Zweifelsfall mehr als ratsam, frühzeitig einen Tierarzt zu kontaktieren. Es genügt allerdings, erst mal nur anzurufen. Ein Gespräch mit dem Experten bringt oft Rat und Sie ersparen Ihrer Katze den Reisestress. Eins noch: Sollten Sie den Verdacht hegen, das Tier müsse zwanghaft schlafen, können Sie unbesorgt sein. Ihre Katze ist einfach nur faul. ✖

Schwanzjagen mag zwar wie eine Verhaltensstörung wirken, ist aber gerade bei jungen Katzen völlig normal. Man nimmt an, dass der Jagdinstinkt geweckt wird, wenn das Kätzchen im Augenwinkel sieht, dass sich etwas Kleines, Plüschiges bewegt. Jagt eine erwachsene Katze häufig ihrem Schwanz hinterher, sollte sicherheitshalber ein Tierarzt konsultiert werden.

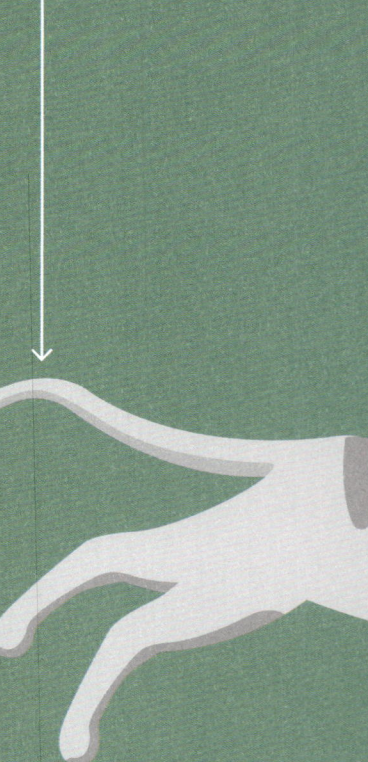

WARTE NUR, ICH KRIEG' DICH!

Die Geburtstagsgesellschaft steht im Halbkreis um den Alleinunterhalter. Der vollführt eine Glanznummer, die auf gekonnte Weise Artistik mit humoristischen Elementen verbindet. Nur der Gastgeber ist besorgt. Denn der vermeintliche Show Act ist seine junge Katze. Und die rast nun schon seit Minuten im Kreis und versucht ihren Schwanz zu fangen. Bislang erfolglos. Kurze Ruhepause, dann ein erneuter Überraschungsangriff. Doch wieder schafft es der Schwanz zu entwischen. Die Kontrahenten vereinbaren Waffenruhe, betten sich friedlich aufs Sofa. Endlich kann die Party beginnen. ✖

RABAUKE AUF VIER PFOTEN

Auch Katzen haben mal schlechte Laune, man muss daher nicht bei jedem Tatzenhieb gleich die Beziehung infrage stellen.

»Ich will aber die Schokolade«, brüllt das Kind an der Supermarktkasse, kugelt sich dann aus Protest erst mal eine Runde auf dem Boden umher und tritt schließlich noch nach Mamas Schienbein. Total übertrieben, denkt man sich als Außenstehender, blickt peinlich berührt zur Seite – und erinnert sich dann urplötzlich an ein ganz ähnliches Szenario zu Hause. Als der schnurrhaarige Mitbewohner kürzlich bei der freundlichen Aufforderung, doch bitte den Esstisch zu verlassen, sofort mit den Krallen zugeschlagen hat und anschließend aus lauter Frust seinen an und für sich besten Katzenfreund im Wohnzimmer gehörig vermöbelt hat. Bruce Lee wäre stolz auf ihn gewesen.

Schlechte Laune hin oder her: Wenn eine Katze sich aggressiv verhält, hat das häufig mit Angst zu tun und ist ein Zeichen dafür, dass sie sich von irgendetwas oder irgendjemandem bedroht fühlt. Genauso könnten aber auch starke Schmerzen oder eine schwere Krankheit dahinterstecken. Daher empfiehlt es sich, einen Tierarzt oder einen Katzenverhaltenstherapeuten zurate zu ziehen, wenn der Stubentiger regelmäßig aggressiv ist.

Will man einer Katze, die zu Aggression neigt, etwas verbieten – zum Beispiel, beim Abendessen nicht auf den Küchentisch zu springen und sich ungefragt als Vorkoster anzubieten –, setzt man übrigens besser auf Belohnungen und Lob (fürs Nicht-auf-den-Tisch-Springen) statt auf Schimpfen. Denn mit Bestrafungen erreicht man bei Katzen für gewöhnlich genau das Gegenteil: Sie leisten Widerstand. ✖

NICHT GLEICH DAS SCHLIMMSTE ANNEHMEN: Zeigt die Katze nur manchmal aggressives Verhalten, kann sie auch einfach schlechte Laune haben.

KEINE BESTRAFUNGEN: Belohnen Sie erwünschtes Verhalten. Bestrafen Sie die Aggressivität, wird die Katze nur noch widerspenstiger.

HILFE SUCHEN: Aggressivität kann mit schlechten Erfahrungen, aber auch mit Schmerzen und Krankheiten zu tun haben. Kontaktieren Sie einen Tierarzt oder Verhaltenstherapeuten.

NICHT OHNE MEINE KATZE

Der kräftige morgendliche Biss in die Zehe. Das ständige Umarrangieren der Deko. Dieses entscheidungsunfreudige Stehenbleiben mitten auf der Türschwelle … Es gibt unzählige Gründe, Katzen zu lieben. Dass sie treue Wegbegleiter, exzellente Alleinunterhalter, gute Zuhörer, liebevolle Tollpatsche, nimmersatte Vielfraße und genussvolle Partner zum Kuscheln und Schmusen sind, gehört natürlich ebenfalls dazu. Genau wie bei uns ist bei den Vierbeinern jedes Exemplar anders und hat seine ganz speziellen Eigenheiten. Lassen Sie sich darauf ein, machen Sie es wie Ihre Katze: Hören Sie auf Ihr Bauchgefühl! ✖

REGISTER

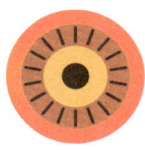

BÜCHER & ADRESSEN

Bücher aus dem GRÄFE UND UNZER VERLAG, München
Dillitzer, Dr. Natalie: **BARF für Katzen**

Eilert-Overbeck, Brigitte: **Katzen – Wohlfühlgarantie für kleine und große Schnurrer**

Linke-Grün, Gabriele: **Wohnungskatzen**

Pfleiderer, Dr. Mircea/Rödder, Birgit: **Was Katzen wirklich wollen**

Rüssel, Katja: **Katzen – Clickertraining**

Zeitschriften
Die edelkatze. Illustrierte Fachzeitschrift für Katzenfreunde, Verbandszeitschrift des 1. DEKZV (siehe Adressen)

Katzen. Hrsg. D.R.U. (siehe Adressen)

Geliebte Katze. Ein Herz für Tiere Media GmbH, Ismaning

Pfotenhieb – das Katzenmagazin. www.pfotenhieb.de

Our cats. Das Katzenmagazin. Minerva-Verlag GmbH, Mönchengladbach

Verbände und Vereine
1. Deutscher Edelkatzenzüchterverband e. V. (1. DEKZV e. V.)
Mühlweg 4
35614 Asslar
www.dekzv.de

Deutsche Rassekatzen-Union e. V. (D.R.U.)
Hauptstr. 21
56814 Landkern
www.dru.de

World Cat Federation (WCF)
Geisbergstr. 2
45139 Essen
www.wcf-online.de

Österreichischer Verband für die Zucht und Haltung von Edelkatzen (ÖVEK)
Liechtensteinstr. 126
A-1090 Wien
www.oevek.at

Fédération Féline Helvétique (FFH)
Alfred Wittich (Präsident)
Büntacher 22
CH-5626 Hermetschwil
www.ffh.ch

Fragen zur Katzenhaltung
beantworten Ihr Zoofachhändler und der **Zentralverband Zoologischer Fachbetriebe Deutschlands e. V. (ZZF),** Tel. 0611/44755332 (nur telefonische Auskunft möglich: Mo 12–16 Uhr, Do 8–12 Uhr), www.zzf.de

Haftpflichtversicherung
Katzen sind generell in Ihrer Privathaftpflichtversicherung beitragsfrei mitversichert.

Registrierung von Katzen
Deutsches Haustierregister, Deutscher Tierschutzbund e. V., Baumschulallee 15, 53115 Bonn, www.registrier-dein-tier.de

TASSO e. V., Abt. Haustierzentralregister, 65784 Hattersheim, Tel. 06190/937300, www.tasso.net, E-Mail: info@tasso.net

Internationale Zentrale Tierregistrierung (IFTA), Nördliche Ringstr.10, 91126 Schwabach, Tel. 00800/ 43820000 (kostenlos), www.tierregistrierung.de

Adressen im Internet
www.schmusekatzen.de
Forum mit vielen Informationen rund um das Thema Katze

www.katze-und-du.at
Das Katzenmagazin mit vielen spannenden Themen

www.giftpflanzen.ch
www.vetpharm.uzh.ch/perldocs/index_x.htm
Informationen über giftige Pflanzen

Die werden Sie auch lieben.

KATZENSPRACHE
Kätzisch für Zweibeiner

ISBN 978-3-8338-3635-0

KATZEN BASICS
Alles, was Katzenhalter wissen müssen

ISBN 978-3-8338-4422-5

DIE KATZEN TRICKKISTE
Einfache Strategien für einen entspannten Alltag mit Katze

ISBN 978-3-8338-4219-1

300 Fragen zum Katzenverhalten
Experten-Tipps aus der Praxis

ISBN 978-3-8338-5215-2

Katzen
Das große Praxishandbuch

ISBN 978-3-8338-2875-1

KATZEN GESUND ERNÄHREN
Rundum gut versorgt

ISBN 978-3-8338-5220-6

 Auch als eBook erhältlich.

Mehr von GU auf **www.gu.de** und
facebook.com/gu.verlag

GU
Willkommen im Leben.

Projektleitung: Maria Hellstern
Lektorat: Sylvie Hinderberger
Bildredaktion: Matias Kovacic
Artbuying und Bildredaktion (Cover): Natascha Klebl
Umschlaggestaltung und Layout: Anzinger und Rasp, München
Herstellung: Petra Roth
Satz: Christopher Hammond
Reproduktion: Medienprinzen GmbH, München
Druck: F+W Druck- und Mediencenter, Kienberg
Bindung: Conzella, Pfarrkirchen

ISBN: 978-3-8338-6241-0

1. Auflage 2017

GRÄFE UND UNZER

Ein Unternehmen der
GANSKE VERLAGSGRUPPE

Der Illustrator

Robert Samuel Hanson arbeitet als selbstständiger Illustrator für Kunden wie The New York Times, Google, Spiegel Wissen, BMW und die FAZ. Er stammt aus dem Norden Englands und lebt mit seiner Frau, zwei Kindern sowie dem Familienkater Pipusch in Berlin. Mehr Infos unter: www.robertsamuelhanson.com

Wichtiger Hinweis

Die Empfehlungen in diesem Ratgeber beziehen sich auf normal entwickelte, charakterlich einwandfreie Katzen. Wer eine erwachsene Katze zu sich nimmt, muss bedenken, dass sie bereits durch andere Menschen geprägt wurde. Bei einer Katze aus dem Tierheim können Mitarbeiter eventuell Auskunft zur Vorgeschichte des Tieres geben. Es gibt Katzen, die Verhaltensauffälligkeiten zeigen. Diese Katzen sollten nur von Menschen aufgenommen werden, die Erfahrung im Umgang mit Katzen haben.

Liebe Leserin, lieber Leser,

haben wir Ihre Erwartungen erfüllt? Sind Sie mit diesem Buch zufrieden? Haben Sie weitere Fragen zu diesem Thema? Wir freuen uns auf Ihre Rückmeldung, auf Lob, Kritik und Anregungen, damit wir für Sie immer besser werden können.

GRÄFE UND UNZER Verlag
Leserservice
Postfach 86 03 13
81630 München
E-Mail:
leserservice@graefe-und-unzer.de

Telefon: 00800 / 72 37 33 33*
Telefax: 00800 / 50 12 05 44*
Mo–Do: 9.00 – 17.00 Uhr
Fr: 9.00 – 16.00 Uhr
(* gebührenfrei in D, A, CH)

Ihr GRÄFE UND UNZER Verlag
Der erste Ratgeberverlag – seit 1722.

www.facebook.com/gu.verlag